阿德勒的心理智慧

吉亮◎编著

中国纺织出版社有限公司

内 容 提 要

《自卑与超越》是个体心理学的先驱阿尔弗雷德·阿德勒的代表作。阿德勒从探寻人生的意义出发，启迪我们去理解真实的生命意义。他告诉我们，理解一个人，就要从他的过去入手，而一个人的生活风格，则是与他对于过去经验的认识和理解相一致的。自卑并不可怕，关键在于怎样认识自己的自卑，从而克服困难、超越自我。

图书在版编目（CIP）数据

阿德勒的心理智慧 / 吉亮编著. --北京：中国纺织出版社有限公司，2021.3
ISBN 978-7-5180-3806-0

Ⅰ.①阿… Ⅱ.①吉… Ⅲ.①阿德勒（Adier，Alfred 1870-1937）—心理学—通俗读物 Ⅳ.①B34-49

中国版本图书馆CIP数据核字（2020）第140553号

责任编辑：张 羽　　责任校对：高 涵　　责任印制：储志伟

中国纺织出版社有限公司出版发行
地址：北京市朝阳区百子湾东里 A407 号楼　邮政编码：100124
销售电话：010—67004422　传真：010—87155801
http://www.c-textilep.com
中国纺织出版社天猫旗舰店
官方微博http://weibo.com/2119887771
三河市延风印装有限公司印刷　各地新华书店经销
2021年3月第1版第1次印刷
开本：710×1000　1/16　印张：13
字数：131千字　定价：39.80元

前言

在奥地利，有位著名的心理学家，他被认为是人本主义心理学的先驱者之一。马斯洛曾这样评价他："在我看来，他一年比一年显得正确。随着事实的积累，这些事实对他关于人的形象的看法给以越来越强有力的支持。"他就是阿尔弗雷德·阿德勒。

阿尔弗雷德·阿德勒（1870—1937），生于维也纳近郊的一个米商家庭，早年曾在维也纳大学学医，获博士学位，一生从事心理学研究。他一开始追随弗洛伊德，后与弗洛伊德分道扬镳，创立一个新的心理分析学派，即以"自卑情结"为中心的个体心理学派。其主要著作有：《自卑与超越》《人性的研究》《个人心理学的理论与实践》《自卑与生活》等。

阿德勒虽然出生于一个富裕的家庭，但他的童年却并不快乐，实际上，在他的记忆中，他的童年是多灾多难的。他自己曾说他的童年生活笼罩着对死的恐惧和对自己的虚弱而感到的愤怒。他在弟兄中排行第二，长相既矮又丑。幼年的阿德勒患了软骨病，身体活动不便，他四岁才会走路；又患佝偻病，无法进行体育活动。在其他那些健康活泼的兄弟面前，他总是感到很自卑，认为自己不如人，他还被汽车轧伤过两次。五岁时，他患了严重的肺炎，甚至连他的家庭医生也对他绝望了。然而，他的身体莫名其妙地恢复了。后来，他立志要当一名医生，因为他觉得自己的童年一直生活在对死亡的恐惧中，他的生活目标就是克服这一恐惧。读书后的他成绩很差，在老师看来，他明显不具备日后从事其他工作的能力，因而向他的父母建议说及早训练他做个鞋匠才是明智之举。

不过在一些小事上，我们还是能看到他不甘人后的一面。他曾自述：“我记得走往学校的小路上要经过一座公墓。每次走过公墓我都很惊恐，每走一步都觉得心惊胆战，然而看到别的孩子走过公墓却毫不在意，对此我感到十分困惑不解，我常因自己比别人胆小而苦恼。一天，我决心要采用一种使自己坚强起来的办法，克服这种怕死的恐惧。我在放学时故意落在别的同学后面且间隔了一段距离，然后我把书包放在公墓墙壁附近的草地上，多次地来回穿过公墓，直到我感到克服了恐惧为止。”另外，阿德勒一直是一个合群的孩子，与同伴玩时被人所接受的感觉使他感到高兴和满足。

在他的《自卑与超越》中，阿德勒从个体心理学出发，阐明人生道路和人生的意义。阿德勒的观点对后来心理学的发展影响颇大，许多著名心理学家如阿尔伯特、勒温、马斯洛都对他及他的观点表达了崇敬。阿德勒被誉为个体心理学创始人、人本主义心理学的先驱、现代自我心理学之父，他是精神分析学派内部第一个反对弗洛伊德的心理学体系的人，他的研究方向由生物学定向的本我转向社会文化定向的自我，对后来西方心理学的发展具有重要的意义。

编著者

2020年10月

◈目 ◇ 录◈

第一部分　带你认识阿德勒 ……………………………………001

01　“阿德勒”这个人……………………………………002

02　阿德勒的思想体系……………………………………004

03　阿德勒著名的书籍概览 ……………………………………006

04　阿德勒思想对人们的影响 ……………………………………008

05　阿德勒思想在生活中的应用 ……………………………………011

第二部分　生命的意义 ……………………………………015

01　生命的意义……………………………………016

02　人生的三大问题……………………………………017

03　社会情感……………………………………019

04　童年时期的经历……………………………………021

05　童年的记忆与梦境……………………………………025

06　合作的重要性……………………………………027

第三部分　灵与肉的关系……………………………………029

01　精神与身体的交互作用 ……………………………………030

02　情感的关系……………………………………035

03　生理特征与心智模式 ……………………………………039

第四部分　自卑与优越感……043

01　自卑情结……044

02　追求优越感……049

03　设立正确的目标……052

第五部分　童年记忆……059

01　人格的形成……060

02　童年记忆与生活方式……062

03　解析六个早期记忆的案例……063

第六部分　梦……073

01　梦的传统解读……074

02　弗洛伊德学派与梦……075

03　个体心理学流派对梦的研究……077

04　梦的构成……080

第七部分　家庭的影响……093

01　母亲的角色……094

02　父亲的角色……100

03　偏爱与平等对待……105

04　子女之间的排行……108

第八部分　学校的影响……117

01　教育的变革……118

02　教师……119

03　课堂上的竞争和合作……123

04　先天因素和后天培养……126

05　个性化差异……128

06　对教学工作的观察……131

第九部分　青春期的引导……133

01　解读青春期……134

02　青春期的几大问题……136

03　懵懂的性意识……139

04　成年期的挑战……142

05　为青春期预热……143

第十部分　犯罪及预防……145

01　了解犯罪心理……146

02　犯罪类型……154

03　合作的重要性……159

04　合作的早期影响……162

05　如何矫正犯罪行为……165

第十一部分　职业问题 ······ 171

01　人生三大难题的平衡 ······ 172

02　早期培养 ······ 173

03　什么因素影响了择业 ······ 174

04　寻找解决办法 ······ 175

第十二部分　个体与社会 ······ 177

01　增进合作 ······ 178

02　兴趣缺失与沟通障碍 ······ 180

03　社交兴趣与社会平等 ······ 184

第十三部分　爱情与婚姻 ······ 187

01　爱情、合作与社会兴趣的重要性 ······ 188

02　婚前准备 ······ 191

03　婚姻的承诺与责任 ······ 194

04　交友是婚姻的保证 ······ 195

05　构建幸福的婚姻 ······ 197

附录：阿德勒生平简介 ······ 200

第一部分

带你认识阿德勒

01 “阿德勒”这个人

在奥地利，有位著名的心理学家，他被认为是人本主义心理学的先驱者之一，他一生从事心理学研究。一开始他追随弗洛伊德，后与其分道扬镳，创立一个新的心理分析学派，即以“自卑情结”为中心的个体心理学派。其主要著作有：《自卑与超越》《人性的研究》《个人心理学的理论与实践》《自卑与生活》等。 马斯洛曾这样评价他：“在我看来，他一年比一年显得正确。随着事实的积累，这些事实对他关于人的形象的看法给以越来越强有力的支持。”他就是阿德勒，全名阿尔弗雷德·阿德勒。

阿尔弗雷德·阿德勒出生于奥地利维也纳郊区的小镇，家庭富裕，在维也纳长大。他的父亲是一名做谷物生意的犹太商人。

阿德勒虽然出生于一个富裕的家庭，但他的童年却并不快乐，实际上，在他的记忆中，他的童年是多灾多难。他自己曾说他的童年生活笼罩着对死的恐惧和对自己的虚弱而感到的愤怒。他在弟兄中排行第二，长相既矮又丑。幼年的阿德勒患了软骨病，身体活动不便。他四岁才会走路；又患佝偻病，无法进行体育活动。

在其他那些健康活泼的兄弟面前，他总是感到很自卑，认为自己不如人，他还被汽车轧伤过两次。5岁时，他患了严重的肺炎，甚至连他的家庭医生也对他绝望了。然而，莫名其妙地，他的身体恢复了。后来，他立志要当一名医生，他后来曾说自己的童年一直生活在对死亡的恐惧中，他的生活目标就是克服这一恐惧。

阿德勒刚上中学的时候，由于他数学不好而被老师视为差等生，老师因此看不起他，并建议他的父亲让他去当一名制鞋的工人。当然，他的父亲拒绝这样做，但这件事也刺激了好强的阿德勒，促使他努力学习，在数学上有了很大进步。中学毕业后，阿德勒如愿以偿，进入维也纳医学院，系统学习了有关心理学、哲学的知识，并受到良好的医学训练。

1895 年，阿德勒获得维也纳大学医学博士学位，初为一眼科医师，他特别注意身体器官缺陷的自卑，认为它是驱使个人采取行动的真正动力。后转向精神病学，曾追随弗洛伊德探讨神经症问题。

1897年到1898年，他又回到维也纳大学深造。其间，他和来自俄国的留学生罗莎（Raissa Timofeivna Epstein）结婚。他们生有四个孩子，三女一男，其中亚历山德拉（Alexandra）和库尔特（Kurt）后来成为阿德勒学派的心理学家。1896年的4月到9月，他应征服役，在奥地利军队的一所医院工作。

1899至1900年他与S·弗洛伊德在同一个城市里行医，结识后者并成为好友。不久，他又和威廉·斯特克尔一起从事《心理分析汇编》的编辑工作。

1902 年他参加弗洛伊德周三讨论会，是当时精神分析学派的核心成员之一。

1908年在奥地利的萨尔茨堡召开的第一次国际心理分析会议期间，阿德勒发表了关于“好斗的冲动”的报告。

1910 年任维也纳精神分析学会主席。

1911 年因突出强调社会因素的作用，公开反对弗洛伊德的泛性论而与之关系破裂，阿德勒创立个体心理学（individual psychology），另建自由精神分析研究会。

1912 年改称个体心理学会，成为一个颇有影响的学派。

1914 年他创办《国际个体心理学杂志》。

1920 年后任教于维也纳教育学院，并在学校系统中组织儿童指导临床活动，成立儿童指导中心。

1922 年至 1930 年期间，他主持召开了五次国际个体心理学会议。

1926 年任美国哥伦比亚大学的客座教授。

1932 年他到长岛医学院做美国医学心理学的第一个讲座。

1934 年定居纽约。

1937 年赴苏格兰亚伯丁做讲演在旅行时病逝。

02　阿德勒的思想体系

阿尔弗雷德·阿德勒以“自卑情结”为中心思想，创立了“个体心理学”，并成为一个学派的创始人。他认为人类的行为都是出于自卑感及对自卑感的克服与超越。

阿德勒认为：促使人类作出种种行为的，是人类对未来的期望，而不是其过去的经验。这种目标虽然是虚假的，它们却能使人类按照其期待，作出各种行为。个人不仅常常无法了解其目标的用意为何，有时他甚至不知其目标何在，因此，这种目标经常是属于潜意识的。A·阿德勒把这种虚假的目标之一称为“自我的理想”，个人能借之获得优越感，并能维护自我尊严。

在他的《自卑与超越》一书里，阿德勒以平易轻松的笔调，描写了自卑感的形象、对个人行为的影响。以及个人如何克服自卑感，并将其转变为对优越地位的追求，以获取光辉灿烂的成就。

阿德勒的学说以“自卑感”与“创造性自我”为中心，并强调“社会意识”。主要概念是创造性自我、生活风格、假想的目的论、追求优越、自卑感、补偿和社会兴趣。他继承和发扬了弗洛伊德的精神分析理念，但其基本观点与之大相径庭。

第一，个体心理学认为人的行为是由社会力量决定的。人天生就是一种社会存在物，在社会生活中，人们进行交往，相互依赖，相互合作：而弗洛伊德则强调人的生物学本能，人的成长过程是本能的自然展开，其行为是先天决定的。

第二，个体心理学视人格为统一的整体，强调其不可分割。阿德勒认为每个人的人格都是内在各种动机、特质、兴趣、价值所构戊的统一整体；弗洛伊德把人格分为本我、自我、超我这些不同的部分，各部分各司其职。

第三，个体心理学认为意识是人格的中心。阿德勒认为，人是一个有意识的存在物。通常，人能意识到行为的动机意识与无意识并非绝对对立。对某些道理内容，如果我们意会到了，那么就是意识的；如果失于意会，那么就是无意识的。意识的行为是人类主要的行为。弗洛伊德的经典精神分析则认为无意识是人格的中心。

第四，阿德勒强调未来对人的行为的影响。他认为，人既然是有意识的、就能意识到未来的种种条件，制订某种计划。用以指导自己的行为。阿德勒也承认过去的经验（特别是原始的经验）对人的行为有影响，但他认为不是决定性的，这同弗洛伊德显然是对立的。

第五，个体心理学认为性只是人类行为的动力因素之一。阿德勒并不完全否认性的作用，但他认为性的作用在决定人的行为方面只扮演一个极不重要的角色。他认为，真正对人的行为起作用的还是人的社会需要。

阿德勒的观点对后来心理学的发展影响颇大。许多著名心理学家如阿尔伯特、勒温、马斯洛都对他与他的观点表达了崇敬。阿德勒被誉为个体心理学创始人，人本主义心理学的先驱，现代自我心理学之父；精神分析学派内部第一个反对弗洛伊德的心理学体系，由生物学定向的本我转向社会文化定向的自我心理学，对后来西方心理学的发展具有重要的意义。

03　阿德勒著名的书籍概览

前面，我们已经提及，阿尔弗雷德·阿德勒是奥地利精神病学家。人本主义心理学先驱，个体心理学的创始人，曾追随弗洛伊德探讨神经症问题，但也是精神分析学派内部第一个反对弗洛伊德的心理学体系的心理学家。1907年，他发表了有关由缺陷引起的自卑感及其补偿的论文，而使其名声大噪。

在阿德勒一生中，著有多本书籍，比如：

《论神经症性格》：1914，1974

《器官缺陷及其心理补偿的研究》：1917

《理解人类本性》：1918，1957

《个体心理学的实践与理论》：1919，1971

《生活的科学》：1927，1969，中译本为傅任敢译，1936

《生活对你应有的意义》：1932，中译本名为《自卑与超越》，黄光国译，1960

《神经症问题》：1932，1964

在以上著作中，以《自卑与超越》最为著名，在他的《自卑与超越》一书里，阿德勒以平易轻松的笔调，描写了自卑感的形象、对个人行为的影响。以及个人如何克服自卑感，并将其转变为对优越地位的追求，以获取光辉灿烂的成就。

阿德勒认为：由身体缺陷或其他原因所引起的内心自卑，一方面可能会摧毁一个人，使之自甘堕落或发生精神病，在另一方面，它还有可能使人发愤图强以补偿现在的弱点，改变自卑心理。

例如，古代希腊的戴蒙斯赛因斯原先患有口吃，经过数年苦练竟成为著名演说家；美国罗斯福总统，患有小儿麻痹症，其奋斗事迹，更是家喻户晓。有时候，一方面的缺陷也会使人在另一方面求取补偿，例如尼采身体羸弱，可是他却弃剑就笔，写下了不朽的权力哲学。诸如此类的例子，在历史上或文学上真是不胜枚举。

早先，弗洛伊德已经主张：补偿作用是由于要弥补性的发展失调所引起的缺憾。受了弗氏的影响，阿德勒遂提出男性钦羡的概念，认为不论男性还是女性都有一种要求强壮有力的愿望，以补偿自己不够男性化之感。

以后，阿德勒更体会到：不管有无器官上的缺陷，儿童的自卑感总是一种普遍存在事实；因为他们身体弱小，无论是精神还是生活中，似乎都有依赖成人，也常常被成人控制，一旦儿童利用这种自卑感来作为他们有做事能力的借口时，便很容易发展出神经病的倾向。如果这种自卑感在以后的生活中继续存在的下去，它便会构成“自卑情结”。因此，自卑感并不是变态的象征，而是个人在追求优越地位时一种正常的发展过程。但如果能以自卑感为前提，寻求卓越，那么，我们是能实现自我超越和获得成就的。

阿德勒以“自卑情结”为中心思想，创立了“个体心理学”，并成为一个学派的创始人。他认为人类的行为都是出于自卑感及对自卑感的克服与超越。

04 阿德勒思想对人们的影响

前面我们提及，阿德勒创立了个体心理学，这是进一步接受了叔本华的生活意志论和尼采的权力意志论之后，对弗洛伊德学说进行了改造而产生的。他特别强调意志的实现对人的意义。认为人类的一切行为都受“向上意志”支配，一个人生来就有一种内驱力，将人格各方面汇合成一个总目标：要求高人一等的优越感，即出人头地。这种为优越而进行的奋斗是内在的，不仅在个体的水平上，而且在一切文化的历史上同样进行着这样的奋斗，它引导着人和种族永远不断进步。

阿德勒不同意弗洛伊德关于动机的原始基础集中于性因素的说法，他认为人对优越性的渴望与追求源于“自卑感”，而人的自卑感则肇端于人在幼年时的无能。他认为自卑情结的发现是个体心理学的重大贡献。对抗自卑感的主要方法就是“补偿”，即力图补偿自己的不足，克服缺陷以求达到优越的目标。由于补偿方法的不同，儿童形成了“生活方式”，即在生活中不断加以总结、归纳和概括，逐渐固定下来，形成一套特殊的行为方式，以此作为对付环境的基础。

实际上，阿德勒虽然小时候是个自卑的人，但我们还是能看到他不甘人后的一面。他曾自述过一件小事："我记得走往学校的小路上要经过一座公墓。每次走过公墓我都很惊恐，每走一步都觉得心惊胆颤，然而看到别的孩子走过公墓却毫不在意，自己感到十分困惑不解。我常因自己比别人胆小而苦恼。一天，我决心要采用一种使自己坚强起来的办法克服这种怕死的恐惧，我在放学时故意落在别的同学后面且间隔了一段距离，然后把书包放在公墓墙壁附近的草地上，多次地来回穿过公墓，直到我感到克服了恐惧为止。"另外，阿德勒一直是一个合群的孩子，与同伴玩时被人所接受的感觉使他感到高兴和满足。

从阿德勒的理论中，我们可以看出，任何人，要想摆脱自卑，就要实现超越、建立自信，大道理谁都会说，但关键是，我们如何才能做到。

在不要自卑之前，我们首先要做到的是"要承认自卑"，坦然淡定地接受自卑情结，抗拒对摆脱自卑无济于事。除此之外，我们还需要做到的是：

1.运用补偿心理超越自卑

这种补偿，其实就是一种"移位"，即为克服自己生理上的缺陷或心理上的自卑，而发展自己其他方面的长处、优势，赶上或超过他人的一种心理适应机制，正是这一心理机制的作用，自卑感就成了许多成功人士成功的动力，成了他们超越自我的"涡轮增压"。

2.昂首挺胸，快步行走

许多心理学家认为，人们行走的姿势、步伐与其心理状态有一定关系。懒散的姿势、缓慢的步伐是情绪低落的表现，是对自己、对工作以及对别人不愉快感受的反应。步伐轻快敏捷，身姿昂首挺胸，会给人带来明朗的心境，会使自卑逃遁，自信滋生。

3.学会微笑

我们都知道笑能给人自信，它是医治信心不足的良药。如果你真诚地向一个人展颜微笑，他就会对你产生好感，这种好感足以使你充满自信。正如一首诗所说："微笑是疲倦者的休息，沮丧者的白天，悲伤者的阳光，大自然的最佳营养。"

总之，我们要明白，站在人生的舞台上，你真实的表演并非为博得别人的掌声，更多的是为了得到自己心灵深处的快慰。

4.以自己的方式追求自我

的确，青春期是个性张扬的一代，尤其是初高中阶段的你们更主张"个性解放"，因此，你完全可以有自己喜欢的发型、喜欢的流行音乐、说家长们搞不懂的流行话语……

这些方法可以很好改善自己和你的自卑情结。

总之，你要随时告诉自己：我是自信的，我是美丽的，我有实力，我的专业能力是最棒的！你必须有自信心，对认准的目标有大无畏的气概，怀着必胜的决心，主动积极地争取！

没有人是毫无缺点的，是在我们的内心，这个缺点的份额的大小问题，如果我们将缺点无限制放大，那么，它将会腐蚀我们的心，阻碍我们成功；而如果我们能正视缺点，并在心理把缺点限制在一定的范围内，它就会成为我们努力和奋斗的催化剂，助我们成功。

05　阿德勒思想在生活中的应用

前面，我们分析了阿德勒的理论体系，阿德勒认为人对优越性的渴望与追求源于“自卑感”，而人的自卑感则肇端于人在幼年时的无能。他认为自卑情结的发现是个体心理学的重大贡献。对抗自卑感的主要方法就是“补偿”，即力图补偿自己的不足，克服缺陷以求达到优越的目标。由于补偿方法的不同，儿童形成了“生活方式”，即在生活中不断加以总结、归纳和概括，逐渐固定下来，形成一套特殊行为方式，以此作为对付环境的基础。

他特别强调意志的实现对人的意义。认为人类的一切行为都受“向上意志”支配，一个人生来就有一种内驱力，将人格各方面汇合成一个总目标：要求高人一等的优越感，即出人头地。这种为优越而进行的奋斗是内在的，不仅在个体的水平上，而且在一切文化的历史上同样进行着这样的奋斗，它引导着人和种族永远不断进步。

追求优越是阿德勒个体心理学的核心，也是支配个体行为的总目标。他认为人人都有一种，像权力意志这种天生的内驱力，将人格汇成总目标，力图做个没有缺陷的、完善的人。因此羡慕别人，胜过别人，征服别人等都是这种追求优越的人格体现。

但是，阿德勒认为追求优越的结果却有两重性。它既可以激励人追求更大的成就，使人的心理得到积极的成长，也会由于追求个人优越而忽视社会和他人的需要，从而产生“自尊情结”，使人变得缺乏社会兴趣，妄自尊大起来。

那么，阿德勒思想是怎样应用的呢？以下是几个方面：

1.自卑与补偿

自卑与补偿是阿德勒个体心理学的重要组成部分，也是个人追求优越的基本动力。阿德勒坚持自卑感是人的行为的原始的决定力量或向上意志的基本动力。在他看来人生本来并不是完整无缺的，有缺陷（包括身体缺陷）就会产生自卑，而自卑能摧毁一个人，使人自暴自弃或发生精神疾病；另一方面它能够使人发愤图强，振作精神迎头赶上，如此解决原始缺陷和追求优越之间的矛盾。

阿德勒认为，人对某些缺陷的补偿是自卑的重要内容和表现。他说一个器官有缺陷的人会产生自卑情结令他尽最大的努力去补偿以取得优越。他认为如果儿童顺应或很少反抗，这种自卑感就带有女性品质或使他成为生活的弱者，反之，儿童若奋起反抗，这种自卑感便带有男性的品质。“任何形式的不受禁令约束的攻击，敏捷，能力，全力以及勇敢，自由，侵犯和残暴的特制都是男性所具有的品质。”

2.生活风格

生活风格是阿德勒个体心理学中的一个重要内容。阿德勒认为人追求优越的目标总要通过各种行为方式来实现。所谓生活风格，就是指个人在早期社会生活道路上已定型化的行为模式。他强调人的生活风格约在四五岁时已经在家庭环境中形成，以后几乎一生不变。他非常重视家庭行第、出生次序、和家庭气氛对儿童性格类型形成的影响。尽管阿德勒强调家庭环境在人格发展中的重要性，但是他坚持认为起决定作用的仍然是天生的潜力和欲望。

阿德勒还提出“创造性自我”的概念。在他看来生活风格对人格的影响是潜意识的或被动的，而创造性自我则是按照自己的创造性构建起来的独特的生活风格，是主动有意识的行为。即人格直接参与自己的命运并决定自己和外界的关系。

3.创造自我

阿德勒认为自我可以按照自己独特的生活风格决定自己的行为方式。人是有意识的个体，可以选择自己的生活道路，参与决定自己的命运。阿德勒反对弗洛伊德的宿命论观点，他认为人从遗传与早期经验守获得的只是一些“砖块”。影响人的成长有三个要素，即遗传、环境和创造能力。其中创造能力起重要作用。它与其他两个要素结合起来，才可克服人生障碍。它追求经验，甚至创造经验以帮助个人完成他独特的生活作风。创造性自我使人格有一贯性、稳定性和个性。它是人类生活中活的因素。

4.社会兴趣

社会兴趣是阿德勒个体心理学中基本概念之一，指人具有一种为他人、为社会的先天思想准备和自然倾向。他认为人是社会性生物，在人的本性中天生具有社会兴趣的潜能。社会兴趣不仅是一种涉及与别人交往时的情感，它也是一种对生活的评价态度和认同能力。阿德勒还认为有无社会兴趣是衡量个体是否健康的主要标准，社会兴趣的水平决定一个人生活意义的大小和对社会贡献的程度。阿德勒认为人的社会兴趣最初是由儿童同其父母间的早期相互作用而产生的。因此父母的重要任务之一乃是唤起和培养儿童的社会兴趣，对儿童的溺爱和漠视则是影响儿童社会兴趣发展的两个重要原因。

第二部分

生命的意义

01　生命的意义

人们常说，世界丰富多彩，但很多人却未必这么看。我们眼里的世界，其实都是带着我们的主观经验的，也就是经过思维处理后的事物，也就不是它最本初的样子。比如，我们在生活中经常看到的两种事物：“水”和“土”。虽然是再简单不过的两种事物，其实也是带着我们的主观经验而存在的，但一些追求新奇的人，总是苛求它们可以成为脱离于经验而存在的事物，可以说，这是可笑的。

我们很多人都问过这样一个问题：“生命的意义究竟是什么？”这个老生常谈的问题，迄今为止我们也未能给出最好的答案。毕竟，谁也不会在这个问题上过多耗费心思，除了我们遇到一些困难和挫折、对生命产生疑问时，这只不过是自寻烦恼。然而，即便我们不深究这个问题，问题依然存在，不会凭空消失。不过，我们对生命的理解，很大程度上正是我们自己从生活中提炼出来的经验，假如我们能细细分析，就会发现，一个人的性格、习惯、爱好等都折射出了他对生命的理解，这种理解也就是我们所说的世界观、人生观和价值观。

每个人对生命的理解都不一样，并没有绝对的对错，只要你用自己的道理去理解了，就不能被判定是错误的。实际上，生命的意义本就是在“绝对正确”和“绝对错误”之间，这中间就饱含了我们对生命意义的解读，我们唯一能断定的是，什么是精华，什么是糟粕，什么理解错的多，什么理解错的少，由此可以进行推算相对好的解读的共性，以及相对糟糕的解读又有什么问题，然后，我们可以大致进行总结以帮助人们认识事物最真实的样子。

不过，我们需要记住的是，真正绝对的真理是不存在的，就算有，也与我们人类无关，所以说，要求真理的绝对性，不具备任何现实意义。

02　人生的三大问题

我们每个人都是独立存在的个体，都在自己的人生道路上，但无论是谁都逃不开三个问题，这三个问题涉及我们生活的方方面面，也让我们不得不重视，接下来，我们就来逐一分析这三个问题。

Q1我与地球：地球是人类的栖息地，我们生活在地球上

地球是我们的母亲，我们生活在地球上，就是依靠地球的资源，所以，我们要善待和感恩地球，要珍惜和保护地球不可再生的资源，同时，我们也要关注自身，发展自身，让我们在地球上延续生命。只有这样，我们人类和地球才能和谐发展、共生共存，这是我们整个人类都要面对的问题。我们所有的行为，都会对人类生存状况产生影响，这样，我们需要知道哪些事情是适当的、不合适的，有希望的，或者错误的，但无论是哪一种，都是基于一个事实：我们是地球上的人类。

所以，我们现在谈到的是关系未来全人类的问题，也许答案并不完美，但是我们会努力寻找，不过，我们还是要强调，我们所有的答案，都是基于一个事实——我们生活在地球上，我们的一举一动都与地球有着密不可分的关系。

Q2我与他人：与他人携手共进才是明智之举

人都是社会和集体的人，没有谁是独立存在的，都要与周围的人发生联系，这是由人的社会属性决定的，我们不可能孤单地生活，独自面对所有，选择孤独就选择了死亡。

你不与人联合，不仅难以保障基础的生活，甚至连生存都难以为继。

所以，我们在探究生命意义的过程中，一定要考虑到这一问题：我们与他人是相互联系的，无法独自面对所有事，所以与他人携手共进才是明智之举。

Q3我与他/她：婚恋问题

人类有两种性别：男和女。无论是个体，还是社会，要维系就不能忽视这一问题，无论是谁，都不可能绕开这一问题。

在面对这个问题时，你的态度就是问题的答案。

以上是我们要面临的三个问题，接下来我们引申出了另外三个问题：

（1）我们赖以生存的地球的资源是有限的，如何才能让资源永存？

（2）在人际关系中，我们如何运用最佳的方法以找到最佳状态的自己，怎样寻求与人合作，达成自己的目标？

（3）如何调整自我，以理解两性问题以及处理两性问题？

心理学家发现，我们的个体面临的所有问题，都可以归结为三个问题：职业、社会与性。每个人对这些问题的态度，正是他对生命意义的解读。

如果一个人事业无成，感情波折，社交痛苦，那么，我们大致可以推断出他过得艰难，怀才不遇，危机四伏，常常有挫败感，他会产生这样消极的想法：只有将自己封闭起来，才能免受伤害。

相反，假如一个人事业有成、爱情顺利、左右逢源，那么，他就有成就感，也认为自己能攻克各种难关，所以，可以说我们对生命的态度，也来自我们的体验，来自我们对三大问题的体验。

03　社会情感

对别人有意义的，才是真的有意义

我们对于生命意义的理解，无论对错，都存在一些共通之处：那些在生活中充满挫败的人，如自杀者、酗酒者等，往往是因为他们对社会生活缺乏兴趣与安全感，在处理职业、婚恋或者社交问题时极少或者根本不寻求他人的帮助。

在这些人的字典里，生命是自己的，就应该以自我为中心，别人无法帮助他们，所以还不如靠自己，他们只有在获得自我成就时才会愉悦，别人对他们来说没有任何价值，其实这不过是自欺欺人，这就好比一个谋杀者，认为自己有权利操控别人的性命。但其实，对于他人来说，你的价值不会因为你有自欺欺人的操纵权而提升。

我们都希望实现自己的人生价值，希望自己是重要的人，但如果我们没有认识到我们的价值是体现在为他人服务和做贡献的基础上，那么，我们很容易误入歧途。

生命真正的意义在于个体与他人的相互影响和作用，而不是个人的意义。

有这样一个故事，能帮助我们理解这点：

有个宗教领袖，他将教徒全部集合在一起，并告诉大家下周三就是世界末日了，大家听完都相信了，然后纷纷回家去，变卖自己的财产，然后在焦虑中等待着世界末日的到来，然而，到了那一天，并没有发生所谓的世界末日。

周一大早，教徒们就前去找这位宗教领袖，问他："你不是说昨天是世界末日吗？为什么没有发生呢？"然而，面对周围人的质问，这位领袖的回答简直让人咋舌："我说的周三，与你们所说的周三，根本不是一个含义。"这里，这位领袖所说的"周三"，是他个人的事实，并不是真理。

真正生命意义的标志，是与人分享，得到认同，即便是被人们称为天才的人，也要具备这一点，才会被认为区别于常人，所以，我们可以说，所谓的生命意义，在于对社会和他人有贡献，在于关注他人，与人合作，而在遇到困难的时候，也要本着不伤及他人利益的原则去解决困难。

生命的真谛在于奉献和合作

可能一些人会产生疑问：难道我们就应该牺牲自己、贡献给他人吗？此时，我们自身的利益又如何能得到保障呢？我们不是应该先替自己考虑吗？

其实，这些顾虑并不是问题，假如一个人能从对他人有益的角度出发，并为之奋斗和努力，他的人生就会走向康庄大道，他还会因为这个目标不断调整自己的行为，逐渐在心中形成一种责任感和社会使命感。人在清晰的目标下，就会进行自我约束、管理和提高，而随之带来的，我们在前面提到的三大问题也会迎刃而解。

我们先说婚恋问题，我们如果想要拥有和谐幸福的恋情，就要让伴侣感到快乐，此时，我们会习惯性地展现自我，关心对方，而如果我们一味地按照自己的个性去表现，只顾自己的感受，势必让伴侣不高兴。

这里，我们依然可以看出，人生的真谛在于分享、奉献和合作。纵观我们的历史，可以发现，祖先给我们留下的，也都是贡献，比如，有形的东西有道路、建筑、书籍等，而无形的东西有哲学、音乐、艺术等，这些都值得我们奉若珍宝。

相反，我们身边那些总是以自我为中心、认为个人意义高于一切的人，最终又获得了什么呢?

大概只是一缕青烟吧，什么都没有。当然，现代文化中，有这样观念的人逐步在减少，但依然存在，我们的任务就是不断去改变它，最终造福人类。

生命在于奉献，这一道理已经被人们证实和认同，越来越多的人参与到关心和帮助他人的队伍中，尤其是那些宗教信仰强烈的人，他们甚至将这一点视为终身奉行的准则。然而，误解他们的人却不少，他们认为这些人除了做一些毫无价值的事外，毫无意义。

同时，我们也在致力于达到一个共同的目标——提升人与人之间的相互关注。

04 童年时期的经历

经历会影响命运，但无法改变命运

自从我们来到这个世界上，就开始了对生命意义的探索，即便是孩童，他们也想了解自己对他人的重要性，为此，他们也有一定的相对稳定的行为模式，并以这种特定的方式来处理问题，此时，他们已经明显地感知到外界

对自己的期望，并且，随着时间的推移，他们会以此来关注世界对自己的看法，只是，此时的他们，还不了解什么是社会经验，这一名词也是他人口中的赐予，但他们会逐渐解读自己的生命意义。

此时，即便是生命的意义不在正轨之上，他们的行为模式让他们自身感到痛苦，他们也不会轻易改变，而随着年龄的增长，他们会开始重新检讨和识别生命的意义，特别是当他们发现自己过去的一些错误给他们带来的严重的后果时，他们才会认识到需要自我改变和完善。如果没有这些挫折，他们会继续执迷不悟。通常来说，专业人士的指导能帮助人们建立正确的人生认知，识别错误的根源，从而发现自己的人生意义。

关于儿童情境，解释的方法有很多种，同样是悲惨童年，理解却不同，一些人认为需要积极努力地改变现状、创造美好未来，他们会督促自己不断成长，而也有一些人，他们看到的却是另外一个方面：认为上天对自己很不公平，那么，既然这样，他们又为什么要善待别人呢？在这一问题上，一些父母说：“我以前受那么多苦，你为什么就不能？”也有些父母则认为：“以前我吃那么多苦，现在做什么，都应该被理解和原谅。”

上面说的这类人，如果不改变自己的思想的话，他们的行为也不会改变，对此，个体心理学认为，一个人的经历会对其命运产生影响，但无法决定命运，真正决定命运的，是我们对过去的经验赋予了怎样的意义，倘若一直沉浸于过去不好的生活体验中，那么，我们可能一直错下去。

有先天缺陷者，最需要正确的帮助和引导

一些成年失败者，有不少人是在童年时期就形成了并不正确的认知，并沿着错误的道路一直走着，尤其是那些先天缺陷者，他们从出生开始就受到了各种折磨，无论是生活、学习还是以后的工作，他们很难认识到生命的意义在于奉献和分享。除非有正确的帮助和引导，否则他们会一直沉浸在不幸当中，会变得消极颓废，而如果同时被排挤和冷落的话，则会加重他们的自卑感，他们会认为自己是无用的，对社会无价值的。

此前，并没有人研究过先天的缺点或者内分泌异常对一个孩子的负面影响，我发现了这一问题，并致力于去研究，当然，我更关注的是如何消除这种负面影响，帮助他们建立正确的认知。这里，我们需要明白的是，身体上的缺陷不该成为我们建立错误认知的原因，同样，内分泌异常也许也能促使我们克服自身不足、挖掘自身潜能、实现自我价值。

对此，个体心理学家是不倡导优生优育的，很多身体先天就有缺陷或者后天患病的人，他们也克服了自身的种种缺陷，为他人、社会做出了突出贡献，甚至超越于身体正常的人，所以，很多时候，我们无法判断一个人心灵发展的趋向。

不过，我们看到的更多的事实是，这些先天缺陷者，在成年后大部分还是成为了所谓的失败者，这里我们要提到前面的观点，这些人需要专业的指导和帮助。而现实生活中，这些人并没有得到帮助，在现实生活中，他们受到更多的是外界的歧视、嘲讽，他们只有封闭自我来保护自己。

被溺爱的儿童，始终觉得自己是中心

一些儿童之所以产生错误的认知，与家长的过度溺爱有一定的关系，这些孩子多半出生于经济较好的家庭，他们认为自己是家里的中心，认为不用付出就能获得想要的一切，认为自己与众不同，认为他人就应该为自己付出。这种想法很可怕，一旦孩子发现自己并不是独特的，他们就会产生很强烈的挫败感，甚至认为自己被世界抛弃了。

对于这些被溺爱的孩子来说，他们要什么有什么，他们也习惯了索取而很少考虑到他人的感受，他们没有认识到的是，成年以后，家长无法再保护他们，他们也需要与人合作、互助，他们总要学着自己长大，学会自己处理问题。

这些孩子在进入社会以后，很有可能会成为危险人群，表面上，他们会表现得很友好，但是只要有机会，他们就有可能攻击别人。他们很难与人合作，也不喜欢与人合作，但是只要周围的人对他们冷淡，他们就会把对方当成自己的仇敌。他们最讨厌被人看不起，他们希望所有人都站在自己这边，能帮助自己报复他人，而一旦这些人不与自己站在一个阵营，他们就会视之为仇敌，当身边的人不支持自己时，他不会反思，反而认为是他人的问题。

被溺爱的孩子，会扭曲别人的善意，会对抗他人，但无论是哪种表现形式，都表明他们对人生的认知出现偏差，也许表现不同，但他们的思想从本质上来说从未改变：他们要求别人以自己为中心，而如果他们不愿意改变自己，那么，他们就不会得到发展。

被忽视的儿童，不会想到要和谐互助

另一种“问题儿童”，是被冷落和忽视的孩子，在他们的认知里没有和谐互助，一旦在生活中遇到不愉快，他们总是自己夸大困难，也不会想到要寻求别人的帮忙，他们连自己都不相信，更别说相信别人了。

在一个人的一生当中，情感因素所起到的作用是其他任何经验都无法比拟的。因此，当孩子降临到这个世界上时，作为母亲，第一件事就是要给孩子安全感，让他信任周围的人和世界，让孩子学会与人合作和分享。当孩子具备了这一能力后，就开始形成对生命正确的认知，不过这一点也是需要培养的。

当我们研究一个受冷落的孩子时，我们发现他们好像活在自己的世界里，无法与人很好地沟通，更别说与人合作了，这样的人生对于孩子来说是没意义的。如果一个孩子从小被关爱和照顾，他就是有安全感的，而被忽视的孩子，则会成为问题儿童，这些孩子长大后，也就没有信任感。所以，我们可以发现，那些成年人中的失败者，不少是孤儿或者私生子。

所以，我们可以说，那些先天缺陷、被过分溺爱或者被忽视的孩子，容易在人生观上出现错误的认知，对于这些人来说，他们迫切需要得到他人的帮助，进而找到自己的人生意义。我们应该帮助他们建立对生命意义的正确理解。

05 童年的记忆与梦境

记忆造就了一个人的生活观

毋庸置疑，记忆对一个人有很大的作用，无论是在清醒的状态下，还是在睡着时，人的性格不会发生改变，只是在睡着的情况下人比较放松，性格能呈现出更真实的状态。

如果我们想要得到对生命意义的认知，那么，记忆可以成为很好的工具。任何一段记忆，会逐渐成为我们的生活体验，成为我们生命中不可或缺的一部分。

童年时期的记忆，能帮助我们很好地了解一个人的生活态度和方式，这主要从两个方面考虑：

第一，童年记忆是对自己和周围环境最初始的印象，也是第一次将自身的各方面进行综合考虑并得出结论的过程；

第二，童年记忆是个人主观意识的起点，也是我们人生的开始。

心理学家认为，一个人的童年记忆的真实与否并不重要，重要的是它对这个人的生活造成了什么样的影响。

记忆对人生意义的定位的影响

假如一个年轻女孩，在谈到自己年幼时的一件事时，脸上露出的是黯然神伤的表情，然后说："当时热水壶打翻了，我被烫伤了。"那么，你就知道为什么现在的她一遇到事情就会觉得困难了，她认为自己不被人关心和爱。

曾经，我的一位患者告诉过我他在童年时候的一段经历：当时，他3岁，那天，他从婴儿车上掉了下来，自此，他频繁地做关于这样一个梦：世界末日来了，地球与另外一个星球相撞，而天空是一片火红色的。他总是被吓醒，而我问他最害怕什么时，他说他为未来担忧，觉得自己会一事无成。

还有个男孩，他一直尿床，还经常和母亲吵架。无奈，他母亲带他来咨询我，我经过问询了解到，他在12岁那年有段经历：当时，他躲在衣柜里，他的母亲以为他走丢了，跑出去到处找，还到处问别人，所以，当时他就认为，只要制造点麻烦，他的母亲就会在意和关注他。于是从那以后他就经常采用尿床这种手段，而母亲越是担心和焦虑，他越是觉得自己的方法奏效了。在这个男孩看来，要想博得他人的关注，让别人担心他，就要制造问题，这样能获得保护。

我还遇到过一个35岁的女性，她告诉我，在她的童年时期，遇到过一件事：当时，她下楼，楼道里非常黑，她的表哥突然窜出来，吓坏了她。自此，她就不大喜欢与其他孩子一起玩，尤其是男孩，所以，和我猜测的一样，她到现在还是单身。

记忆体现着高层次的社会感

有这样一段记忆："小时候，妈妈让我推着妹妹的婴儿车。"从这段记忆中，我们可以看出，对于他来说，他喜欢和比自己弱小的人相处，这样，能帮助他们找到放松的感觉，同时他对母亲心存依赖。所以，我们认为，在家庭教育中，如果让大的孩子来照看弟弟妹妹，是一种很好的教育方式，这样，不但能培养他们的谨慎意识，还能帮助他们树立责任心，假如孩子愿意这样做，他们就不会憎恶弟弟妹妹的到来，不会觉得父母对自己的爱受到了威胁。

当然，喜欢与人待在一起，也许并非出于兴趣，而是可能有其他原因，比如，有个女孩在童年时有过这样的经历："我的姐姐经常带我和另外的两个女孩玩，"这里，表面上看，她是一个喜欢合作的女孩，然而，当我问她内心的恐惧时，她说"我害怕一个人待着"，这里，我们就发现，她与人在一起，并不是喜欢，而是缺乏独立性、害怕孤单。

要想真正地了解人的性格，首先要了解生命的意义，而如果你认为性格无法改变，通常是因为没有找到改变的方法，这就是错误的根源，挖掘不到这一点，任何方法都是无效的，唯一有效的就是培养他们与人合作的勇气与精神。

06　合作的重要性

培养合作的精神和勇气，能预防神经性疾病的产生，对于孩子来说尤其如此，我们要在日常的生活和游戏当中，教会孩子处理与同伴之间的关系，

而如果他们缺乏这方面的训练，在未来也会在这一问题上出现障碍。

对于那些长期被父母溺爱的孩子来说，他们难免会有点自私，在进入学校后或者与同伴玩耍时或多或少会表现出来。因此要让他们热爱学习，需要鼓励和赞扬他们。如果缺乏这一方面的引导，他们会变得十分脆弱，不堪一击，难以面对学习和生活中的困难。

当然，孩子是不可能生而知之的，不可能在童年就懂得如何自我学习，即使犯了错，也未必是他本人的责任，这就好比，一个人从未学习过地理知识，你让他去参加地理考试，他怎么可能考得好？所以说，人的合作和分享意识也是需要训练的，如果父母不加以指导，孩子自然就会缺乏。

在这一过程中，如果家长、老师和长辈们都帮助和引导孩子认识生命的意义，那么孩子即便本身欠缺社会责任感也能重新回到正轨上来，逐步认识到自己的能力，遇到困难时也会迎难而上，寻求合作与帮助，并不会以自我为中心，更不会怀疑人生或者打击报复他人，他们会坚信自己能做到，可以处理好自己的事情，这也会成为他们人生路上的信念。

第三部分

灵与肉的关系

01　精神与身体的交互作用

精神与肉体，谁在支配谁

精神与肉体，到底谁在起支配作用？对于这一问题，答案层出不穷，总结起来大致有唯物主义和唯心主义两派，他们各自给出了很多论据，始终未形成统一意见。对此，个体心理学家也许能给出答案，因为这一学科本身就是研究身体和心灵的关系，那些存在精神障碍、等待治疗的患者中，有的是身体问题，有的是心灵问题，但如果没有找到正确的理论方法治疗，肯定效果不行，为此，我们才有必要找到心灵与身体的相互作用规律，以使治疗起到作用。

精神与肉体是人生的两种表现形式

个体心理学领域内，是不会认为灵与肉的关系是非黑即白的，其实这二者是相互依存且缺一不可的，所以在考虑二者关系的时候，需要从一个整体考虑。

肉体会对心灵产生影响，而心灵也会支配肉体的行动。心灵的核心功能，就是指导和预见行动，当我们认识到这一点时，我们的心灵就会树立起一个明确的目标，所以，心灵的主导地位是毋庸置疑的。

当然，我们身体的行动也产生影响，尤其是对心灵的，而我们心灵的指挥功能，也不可能超越肉体的限制，心灵能指导身体做一些不可能的事的说法是无稽之谈。

在我们生活的地球上，毋庸置疑，我们人类的活动是最多的，而我们人类所做的一切，都是为了寻求一种安全感，希望能够克服所有困难、改变命运，正是因为如此人们才不断磨砺心灵、提升能力。

其实，我们的身体何尝不是如此呢？它也在努力朝着更好的方向修炼。比如，身体组织受伤了，身体会调动起修复能力，试图恢复然后再度成为一个完好的整体。

贯穿整个生命的就是心灵与肉体的相互协作，它们是密不可分的整体，这就如同一台机器，精神好比发动机，可以激发人体潜能，让人的身体产生力量，而人的思想和心理活动，也会从身体的一系列行为中表现出来。

我们做出的每个动作，也许只是眨眼睛或者吐舌头，都是我们内心活动的外在显现，而我们经常提到的心理学的目的也就是为了找到这些动作背后的真正心理含义。

我们人类所做的每个动作都是有目的的，而精神和心灵能帮助人们强化这一目标，帮助人们找到最佳的路，不过，我们的心灵给出的指令也未必总是正确的，而如果是错误的指令，也只能证明当时的头脑是正确的而已。

也有一些人在关键性的问题上偏离了正轨，做出错误的举动。以偷窃为例，一些人之所以偷窃，是因为想要获得更多的财富，以此获得安全感，所以，获得经济上的安全感，这才是目的，偷盗只是行为，只不过他们用错了方式。

我们在前面讲过，我们人类在四五岁的时候，就已经开始获得了稳定的灵与肉的关系，性格、行事作风已经趋于形成，开始探索生命的意义，也许我们想改变这些，但有个前提，是要努力将童年时期形成的一些错误的认知抛弃，只有这样，才能形成新的认知。

克服心理障碍，超越身体的缺陷

其实，细心的人们，只要观察一下他人对什么有兴趣、被什么吸引，就能大致对这个人做出一些判断，而假如身体有欠缺时，就会产生心理压力。所以，我们可以发现，一些身体上有缺陷的人，在智力和思维上也有一定的不足，而要突破这些心理障碍，更需要付出努力，尤其是长辈的指导和帮助。

因为身体上的缺陷，这些孩子产生心理压力，他们把精力放到自己的身体的不足上，比如为自己语言障碍苦恼，为行动困难焦虑，就没有精力再去关注外面的世界，久而久之，他们就变得孤僻冷漠了。然而，即便如此，他们也不需要向命运投降，只要能努力克服这些障碍，就有机会向正常人一样取得成功。

假如一个孩子视力不好，那么，他就要比那些视力正常的孩子更认真和专注，就要更认真地观察这个世界，而那些视力正常的孩子，却没有这么认真和强烈，所以，要想让身体的劣势变成优势，发挥出巨大的能量，第一步就要克服心理障碍。

这里，我们需要提到的是一个人的注意力和兴趣的问题，如果一个人有某个强有力的信念和目标，他就会调动身体的所有能量去实现这一目标，此时，哪怕再大的困难，他都会扫除，相反，如果他只是一味地盯着自己的缺陷，那么，目标是很难获得突破的。

比如，有个孩子是左撇子，家长和老师都想纠正他的习惯，所以，就会在日常的生活和学习中刻意训练他的右手，而孩子也会受到暗示，希望自己的右手不要显得那样的笨拙，而越是这样，越是很难训练自己右手，而其实，如果孩子没有受到“必须学会用右手写字”的暗示，没有这层心理障碍，也许他不仅能用左手写出漂亮的字，他的右手或许也能表现出惊人的技能。其实，这样的例子很多，可以看到生活中的那些左撇子的孩子，他们无论是在绘画、写字还是手工上都表现出了惊人的天赋。

身体有缺陷的孩子，在经过后天的有意识的训练、在突破心灵的障碍后，完全可以将不利变成有利，最终超越自己，而要想让他们做到这点，就要让他们找到自己的目标，让他们为之努力。

外界的刺激，对人的身心的影响

我曾经对一起案例进行过研究，研究的对象是一些患有遗传性肾病的家庭，在这些人中，也发现了性格上的遗传，我看到的最为典型的现象是，在这些家庭中，很多小孩都有尿床的习惯，而尿床的原因是肾脏、膀胱或者是脊椎的问题，不过这并不是唯一的原因，毕竟孩子尿床，并未完全受控于器官。

其实，如果孩子智力没问题，尿床是可以控制的，除非他心理上也出现了问题。一些经验丰富的父母，如果发现并重视孩子的这一问题，然后帮助孩子克服这一毛病，孩子是能改正的。而如果父母对这一问题知之甚少或者忽略了这一问题，孩子就会继续尿床。

有趣的是，曾经有个社会心理学家做了调查统计：一些罪犯的父母从事的工作往往与罪犯有关，比如警察、法官、狱警等，真是怕什么来什么，他们害怕孩子犯罪，但孩子真的犯罪了。除此之外，心理学家还发现，一些医生的孩子中，有些是神经质患者，而一些犯错误的青年，还有不少出自牧师之家；尿床的问题也是，父母越是纠结于此，孩子越是会通过尿床来引起父母的焦虑和不安。

身体状况暴露内心情绪

人的情绪表达有很多种，其中就有做梦。

还是以孩子尿床来分析，一些孩子在尿床前经常会做梦，梦到自己找到了厕所，这样，他们就可以心安理得地尿床了。尿床，其实就是为了博取关注，一些孩子是为了反抗父母，无论从哪个角度看，尿床都是一件颇具抗议的表达方式，他们不是用嘴说的，而是用身体来表达。

当然，这一定是因为压力的存在而产生的。比如，一些孩子，他们曾经是家里最受宠爱的孩子，时刻被长辈们捧在手心里，但是弟弟妹妹的出生，让他们好像被冷落了，于是，他们会用尿床来表达一种内心的想法：我还没长大，我也需要你们的照顾。通过这样的方式，他们希望博得父母的关注和疼爱。

不同的环境下，有不同生理缺陷的孩子会用他们特殊的方式来表达情绪。比如，有的孩子白天还好，一到晚上，就梦游、掉下床或者总是说自己口渴等，其实背后的心理都是为了获得父母的关注，而用什么样的方法，则取决于很多原因。

从以上这些分析中，我们都能看出精神对身体的作用，我们可以得出的结论是，精神会影响人的身体健康，也有可能影响人的身体素质，虽然目前没有找到直接的证据，但是我们能从生活中找到佐证的事例。比如，假如一个男孩子特别羞怯，他就会羞于展现自己，羞于健身，即便周围的小伙伴们这么做他也不会去做，相反那些积极、乐观、开朗的孩子就会锻炼肌肉、秀出身材。

所以，我们可以说，一个人的精神与身体形态发育也有莫大的关系，反过来身体的发育和形态也会影响其心理成长。在四五岁之前，人的内分泌腺对身体有很大的影响，如果分泌不足，虽然不会对行为产生抑制作用，但是却会被环境、喜好以及思想活动左右。

02　情感的关系

感知与人生态度的关系

精神指导身体是我们人体的重要特征，将其扩展到人类的范畴就形成了文化。实际上，能脱离精神而存在的行为是不存在的，不过，这并非意味着精神高于行动，因为问题的执行者毕竟还是身体，精神的作用是具有指向性的，可以指导我们的身体做出行动，也可以让身体免于灾害。在人类的精神活动中，幻想和识别是预测未来的一种方式，它们能够激发人的感知，继而支配人的身体，此时，人的目标就会发生变化，尽管精神依然支配身体，但是此时身体并不完全依附于它。

人生态度对于个人的行为，不是决定性的，它还必须借助其他方面，以达到强制的效果，才可以产生行动。新的个体心理学认为，感知和人生态度并不是矛盾的，只要确定目标，人的感知就会做出相应的调整，这一点，无论是生物学、生理学还是化学理论，都无法解释。在个体心理学领域，我们虽然关心的是心理学上的目标，但它不可能脱离生理学的基础，比如，在心理学范畴上，对于焦虑问题，我们只会关注焦虑本身而不会研究它对人的身体或神经组织的影响。

按照这一方法，我们可以发现，人之所以焦虑，并不是系于心理学家所说的压抑性欲、难产，这种解释根本说不通。比如，一个孩子始终跟母亲在一起，当母亲不在身边他难免焦躁，情绪暴躁，而此时，他之所以愤怒，是将其当成一种宣泄情绪的工具而已。

我们可以说，心理学研究的真正目的，并不是关注遗传因素是怎样影响人的生理和心理的，而是如何运用这些因素来实现人生目标。

扭曲的人生态度和优越感

无论是悲伤、痛苦或者焦虑，一个人的心理状态都会展现在他的生活方式上，如果有人说自己喜欢用悲伤展现自己的优越感，那这就是个悖论，因为他不可能为实现这一目标而高兴。还有，我们发现，人的情感是会发生变化且捉摸不定的，比如，一个患有焦虑症的人，在很多人面前都会焦虑，但是回家之后就放松了。事实上，对于很多神经性患者而言，他们会不自觉地避开那些自己无法控制的东西。

同样，性与爱也能说明这一点，当一个人心中有了性目标就会随之产生感情，而一旦认定这个目标就会排除其他阻碍，此时，其他性器官也会产生这种感觉，而这种感觉消失时就有可能出现性冷淡、早泄甚至是性变态等情况，而这些情况产生的原因，通常是这些人错误的人生态度和优越感，又不愿意放弃不切实际的目标，他们还伴有一些其他特征，比如被动、不愿意付出、冷漠、性格懦弱、缺乏社交兴趣等。

我遇到过一个患者，他生长在一个对品质要求非常高的家庭，他的父亲教育孩子从小要诚实，他还有个哥哥。在他刚开始上学那年，有一次他的哥哥替他完成了家庭作业，他谎称是自己写的，后来他为此感到十分苦恼，这件事一直折磨他，所以，3年后，他鼓起勇气将这件事说出来了，而他的老师觉得很好笑，觉得不值一提，他的父亲也没有责备他，还表扬他很诚实，尽管如此，他并没有就此放下这件事的负累，就如头顶的阴霾始终挥散不去。

在我们看来这只是一个小小的错误，但却一直折磨着他。后来，他一直为此事感到内疚，养成了手淫的习惯，并且在学习时撒谎，一到考试，他的负罪感就加深。就这样，日复一日，他感受到了重压，且与他哥哥的差距越来越大，而越是这样，他越是想赶上哥哥，但是又做不到，就这样到了毕业。毕业后，他找到一份工作，但是他很难投入到工作中，他将大部分的时间和精力放到了内疚和自责上，工作也没有做好。就这样，最终，他将自己折磨进了精神病院。医生们也没有找到治疗他的方法，不过，一段时间以后，他的情况好转了，医生也让他出院，出院时，医生告诉他要及时来复诊。自此，他开始研究艺术。在一次考试前，他来到教堂，大声地忏悔说“我罪孽深重”，就这样，他得到了周围人的关注。又过了一段时间后，他竟然光着身体跑到一家餐厅，让人为之唏嘘。

在这一案例中，我们发现，这个人生长于对品质要求非常高的家庭，他在犯错之后，更是认识到只有产生负罪感才能感觉自己比别人更诚实，这样，他能体会到优越感。然而，可惜的是他走错了路，将过多的精力放到了这点上，而忽视了工作、学习和生活，他是个懦弱的人，害怕失败，而他的表现也都是为了逃避失败，无论是赤身裸体还是走进教堂忏悔，都是为了满足被关注的优越感。

情感可以通过身体来表达

我们内心的情感或多或少会展现在外在上，比如某个眼神、动作或者表情等，比如，一个人突然脸色变了，很有可能是焦虑、生气、难过等，而且每个人表现内心情绪的身体语言都不一样。

人在遭遇恐惧时的表现会不同，可能会心跳加速、脸红或者颤抖等，一些人还会影响膀胱和性器官，比如出现性亢奋，正如，一些罪犯犯罪后会去妓院或者女友那里寻求性发泄。为此，不少心理学家提出，性和焦虑有着密切的关系，不过也有不同的声音，但无论如何，这些认识都是一家之谈，都是自己的论断。

人处于紧张状态下时的自主性神经系统和非自主性神经性系统会受到威胁，所以会做出在我们看来不寻常的行为，比如愤怒时会大叫、拍桌子或者强忍情绪时会咬嘴唇等。同样，我们在遇到陌生人时所表现出来的结巴、发抖、脸红等表现，也是因为紧张和焦虑，这些紧张感通过神经系统传遍全身，到达各个地方。

通过这些研究，我们会发现，人的情感特征以及与之对应的生活方式，都会对人的身体产生持续的影响。假如我们经验丰富，那么，我们可以观察一个孩子的性格和生活方式来大致判断其日后成长中的一些表现。比如，勇敢的人一般会表现得自信大方、从容自若、肌肉结实，有着属于他们的表情特征。

个体心理学可用于教育

我们都知道，人的大脑的左半球是分管书写和阅读的能力的，假如这部分受了伤，大脑的其他部分会通过训练来弥补这一部分的缺陷，促使其修复这一功能。我们经常看到的中风患者，他们若想修复这一功能几乎是不可能的，但是，此时大脑的其他部分会进行补充，让丧失的功能重新恢复。所以，我们可以说，个体心理学可应用于教育。

当然，如果定位目标的方向出现偏差，人的大脑与精神就不会协作，更不会帮助其实现这一目标。跟踪研究和调查发现，那些在幼时不善与人合作的孩子，成年之后，在理解能力上都会有所欠缺；同样，成年后的一些行为也能帮助我们大致推断出其童年生活认知以及其心理症结，最终帮助其克服心理问题。

03　生理特征与心智模式

人的体型与心理特征

不少学者一致认同这样的观点：人的身体外在语言与其心理表现之间存在着一定的关联，但之前没有人探索这二者之间到底是什么关系。比如，克雷齐默尔就说过，在研究个人的身体特征来发现其心理和情感特征时，可以将人分为这样一些类型，比如圆脸、肥胖和短鼻子矮胖体型的人。克雷齐默尔指出，人的体型与其心理特征是存在一定的联系的，但他并没有解释为何要将其联系在一起的。生活中，这样体型的人不少，他们并没有什么生理缺陷，周围人也都能接受，他们看起来很有生气、自信、平和，哪怕是与人争斗，他们也不会过于紧张，而且，他们不会充满怨气，不会对他人充满敌意，这类人，心理学上称之为“外向者”，因为他们不会为自己的身体而感到痛苦和焦虑。

另外，克雷齐默尔指出，还有一类人，他们的体型与第一种人完全不同，他们身材修长、高挑，有着长长的鼻子，性格冷漠，他们一旦受到外界的精神上的刺激，就容易产生焦虑情绪，有的甚至还是精神分裂症患者。对于这类人来说，他们长期饱受着身体缺陷的困扰，他们喜欢以自我为中心，总是看待事物和问题的消极负面，不爱说话，但却希望受到关注，而一旦这一愿望落空时，他们就会十分沮丧、多疑且尖刻。

不过，矮胖的人中也有一些精神分裂症患者，有些是受环境影响，他们经常被人打击和嘲笑，自信心受到削弱，很容易产生不愉快乃至痛苦的体验，久而久之，他们开始有点神经质。

人生态度决定了合作能力

人与人之间的合作的重要性早已毋庸置疑，但合作究竟要达到什么程度还是我们一直在探索的。并且，从生活经验中得出，世界复杂，我们更要学会为自己定位，这也是很重要的事，同样，我们还要学会改变和突破自己，并且要一直为这个目标努力。这是一种发自本能的努力，自然就很容易出现错误，而对于相貌丑陋、行为诡异的人，人们也会不自觉地远离他们，认为与他们合作是一件困难的事，其实，这样的想法是错误的。不过，我们也要承认，我们似乎也没有找到与这类人合作的最佳方法，所以，他们身上存在的缺陷也就会被无止境地放大，他们甚至会成为别人排挤的对象。

在我们四五岁之前的那段时间里，我们基本可以确定自己的精神诉求，人的身体和精神之间的关系也开始变得紧密起来，慢慢地，我们的人生态度开始逐步成型，也形成了自己的情绪和行为特征，而正是这些方面，让我们学习了如何理解、评价他人，也决定了一个人的合作能力。举个简单的例子，在那些失败者的身上，我们总是能找到这样一个共同的特质：不擅长与人合作。此时，心理学也就有了一个新的定义：探究一个人合作能力的缺失。

精神是一个整体，人生态度贯穿了一个人生命的始终，一个人的思想和情感与其生活方式是息息相关的。如果在情感上出现了问题，并且与个人利益相悖，那么只是从表面上改变情感是没有用的，改变的不过是他的生活方式的体现，其生活方式并未获得改变。

个体心理学对教育和治疗的启示

在教育和治疗的前景方面，个体心理学为我们提供了一些思路。

在对一个人的性格进行分析的时候，我们不能采取片面的方式，而是要找到根源，尤其是他们在选择生活方式时的错误根源，比如个人经历、思想偏差、对周围环境的错误认知等，这才是我们研究的重中之重。真正优秀的心理学家，并不是去刺激孩子，看他跳得多高；而是用温和的方式，看孩子笑得多开心，虽然这些方法在生活中很常见，但他所反映的不过是一个人的心理状态，是说明他在某一层面的人生态度，但并不是所有的部分。

在心理学领域，最好的研究方法是调查其生活方式，其实这一方法，无论对关于遗传的研究，还是研究创伤和情感经历对人所造成的影响，都是有效的。然而，在我们说的个体心理学领域，我们关注的是精神本身的问题，以及个体对生活以及自己的意义。所以，这里我们又要回归到前面所说的问题——看一个人的合作能力如何。

第四部分

自卑与优越感

01　自卑情结

自卑感的表现形式

我认为，在个体心理学领域，最大的成就之一就是提出了自卑情结。但是，并不是所有人都对这一问题有深刻的理解，甚至对于一些明显有精神障碍的人来说，他们甚至是不承认自己有自卑情结的，他们甚至还常说：“我认为我比其他任何人都优秀。”所以，就连心理医生也承认，医学中常用的“问”的方法对于治疗这类患者是艰难的，但是假如我们置之不理的话，患者的自卑情结一定会加深。

那么，怎么解决这个问题呢？方法是观察其言行举止，因为人的语言会撒谎，但是动作神情却不会。比如，一个自负的人，他可能在想：“我就是要让你看看我的本事。”再比如，一个说话习惯指指点点的人内心真实的想法可能是：“不这么说话，别人可能不重视我。”

心理学家认为，那些极力展示自己的人，背后隐藏的往往是一种自卑。比如，那些身高不足的人，在人群中会踮起脚走路，这样能让自己看起来高一点。这种行为我们在那些体型瘦小的孩子身上更容易看到。所以，我们可以看出，内心有强烈自卑感的人，他们比一般人显得更安静、内向，这是自卑感的表现形式之一。接下来，我们来看这样一则故事：

一天，在动物园关着狮子的铁笼子旁，有三个孩子，面对凶猛的狮子，三个孩子的表现不同，第一个说的是："妈妈，我要回家。"说完，他躲到了妈妈的身后，第二个孩子浑身发颤，然后大声叫喊："我一点也不怕。"而第三个孩子则是面露凶色，说："我可以朝它吐口水吗？"其实这三个孩子都是害怕狮子，但是因为有着不同的成长经历和人生态度，他们选择了不同的表达恐惧的方法。

什么是自卑情结

其实，我们每个人的内心都有自卑情结，只是程度不同，因为没有谁对自己绝对的满意，只要有不如意的地方，就会产生自卑感。然而，面对自卑情结，我们必须要找到方法摆脱它，唯有如此，我们才能寻求超越，让自己更优秀和完美。

不过，这需要我们学习用自信代替自卑，用一些方法改变生活，逐步消除自卑感。当一个人极度自卑，他内心又想克服自卑，而脚踏实地的努力并不理想时，他就会选用一些不切实际的方法，而这种方法效果并不理想，这又加剧了他的自卑感。

如果只看到一个人的外在行为，而不去探究其背后的原因，就会认为这个人的行为很诡异，没有什么目的性，我们眼里的他们，其实和别人没什么特别的不同，但是他们就是对改变自己的人生没有积极性。

其实，他们也会意识到自己的软弱，但是他们就是无法正视这一问题。当他们意识到这一问题的时候，他们就会麻痹自己，而不是让自己更强大；当他们遇到了让自己感到吃力的问题时，他们会歇斯底里，以此证明自己是有价值的。然而，这不过是自欺欺人，自卑感并没有消除，久而久之，自卑就会成为他们一种固定的、难以改变的情绪，只要有类似的事情发生，他们就会自卑，这也就产生了自卑情结。

至此，我们可以给自卑情结下个定义，当一个人在遇到了一个自己无法解决的问题时所表现出来的焦虑、不安和无所适从，就是自卑情结。

补偿心理所造成的优越感

在现实生活中，自卑有很多种表现形式，比如哭泣、愤怒等，无论哪种都会对当事人带来痛苦和巨大的心理压力，为此，他们会寻求心理优越感，以其作为心理补偿。然而，即使如此，也没有办法解决问题，问题只是被搁置到了一边，其实只不过是在那些既定的失败事实下给自己找的一种心理慰藉。面对问题，他们采取了逃避的方法，而不是积极应对。

这种情况在那些患有广场恐惧症的人身上有很好的表现。比如，在他们看来，他们更喜欢待在熟悉的地方，而一到人流攒动的人群中时，他们就会感到害怕、惶恐和不安，而当他们的大脑被这种想法充斥的时候，他们就习惯性地待在自己的房间或者家里不肯出来。一遇到难题，他们就想着退缩和逃避，有强烈的无力感，而如果自杀能让他们舒服一些的话，他们也会义无反顾地去做，而且，他们还有自己的借口："我是这么脆弱的人，你却还来伤害我。"

对于那些神经质患者，他们也会在不同程度上通过限制自己的活动范围来获得安全感，只有一切都处于他的可控范围内，给自己搭建了一个安全区域时，他们才会觉得安全。当然，他们也会偶尔通过哭泣、怒吼的方式来保卫自己的领地。总之，他们总是会选择一种方式来获得心灵的优越感，就算有些方法行不通，他们也会寻找其他的方法，但无论如何他们从未想过改变自己。

越是逃避，自卑情结越严重

生活中，有些孩子，他们喜欢用抱怨和哭泣的方法来博得父母长辈的关注，但实际上，这只是他们自卑的表现，其实就是无能为力，而抱怨和哭泣几句并不能改善他们的自卑情结。

哭泣其实和怯懦一样，都是软弱的象征，他们想表达自己需要父母的关注和爱护，其实是希望超越别人，他们喜欢以自我为中心。同样，那些喜欢说大话的孩子，看起来他们不可一世，处处展现优越感，但我们不可只听他们说了什么，而要分析他们背后的行为，仔细分析，你会发现，他们是有自卑情结的。

在神经质患者中，有一种病叫恋母情结，如果他们无法处理这类问题，那么，他们的神经质也就无法治愈；如果他们的活动范围仅限于家庭，那么，他们的性欲问题也就无法通过家庭以外的人解决，这也是因为内心缺乏安全感，他们已经习惯了在自己可控的范围掌控别人，自然也就害怕无法掌控局势。

一些有恋母情结的孩子，他们从小受母亲溺爱，想要得到什么，母亲都给，他们想要得到爱，根本不需要去家庭以外的环境寻求，更不需要为了达到自己的目标而努力，所以，他们即使长大了，依然依赖母亲。而到了恋爱的年纪，他们所寻找的不是伴侣，而是一个时刻满足自己要求的人，而他们的母亲就是这个人。所以，任何一个过度依赖母亲的人都有可能有恋母情结，这些母亲甚至不允许自己的儿子跟丈夫关系过度亲密。

所有的神经质患者身上，都有一个特点，那就是行为上的受限。比如，说话结巴的人，在做事时往往犹豫不定，他们想与人沟通，但是内心的自卑感又让他们有所顾虑，害怕无法顺利完成这件事，所以说话时就会结巴。一些人到了中年，不敢谈婚论嫁或者找不到合适的工作，其实都是因为自卑感作祟。

自卑的积极作用

我们知道自卑对于人的自我发展的阻碍作用，但自卑并不是一无是处的，相反，它也是推动人类进步的动力，我们只有认识到自己的不足、无知，才能找到进步的方向，才能更好地迎接新生活。所以，我们可以说，自卑是人类文化的基础。

自卑是人类文化的基础，是人类文明的助推力。举个例子，假如外星生物来到地球，他一定会产生这样的想法："人类在地球上建立房子遮风挡雨，制造衣服防寒取暖，制定各种各样的规则，他们一定是最卑微的。"此话不假，我们人类不如一些凶猛的动物强壮，也缺乏自我保护能力，通常来说，动物选择合作，能壮大自身、取长补短，但是人类选择合作，所拥有的能量会远超于动物。

我们都知道，我们刚来到这个世界上时是婴儿，那个时候的我们是需要成年人呵护与教养的，而假如我们都各行其是，就只能任由环境摆布了。其实，对于任何人来说，童年时期如果不注重合作的话，他就会越来越缺乏自信心，越来越悲观，身体越来越脆弱，他的问题也越来越多，相反，那些善于合作的人，即使他们遇到了难题，他们也能寻求帮助，努力找到最佳解决方法。

其实，人无完人，我们的身体都很脆弱，我们也有缺点，但即使如此，我们依然要努力探寻生命的意义，去解决之前我们提到的生命中必须要面对的三大问题，也就是如何学会与人合作，唯有这样，才能改变和完善自己。

我们都知道，无论人类的终极目标是什么，我们都不可能实现。假如我们实现了，那么所有顺利的或者不顺利的事情都可以被预见，那么生活就没有乐趣可言了，而恰恰是这种不确定性，引起了我们的兴趣，不然艺术不受追捧，宗教不被信奉，科学不被探求，我们的生活也就到头了。庆幸的是，我们还在奋斗的道路上，我们也在为不断发现和解决问题而感到快乐。

不过，在神经质患者的身上，他们一开始就受到了阻碍，这也让他们面临的困难更多。通常来说，正常人会按照一定的步骤解决问题，第一步做什么，接下来做什么，先解决一个问题，再解决另外一个，他们不甘心落后于人，也不愿意承认自己是别人的累赘，他们有自己的人生态度，他们勇敢、积极且能独立地解决问题。

02　追求优越感

人对优越感的追求是变化的

人人都在追求自己的优越感，至于是何种优越感，要取决于个体赋予生命的意义，这种意义并非表面的，而是体现在一个人的生活态度和生活方式上，且长久地存在于个体身上。

不过，单从一个人的行为，我们很难分析其到底想要什么，除非从一些蛛丝马迹出发，比如他提供的线索。这就好比分析一位诗人的诗歌，字数不多，但却意味深长，我们必须剖开表面，直达内心。而这就是心理学家的任务——从个体的行为举止去解读其生命意义。

我们四五岁的时候就已经懂得了人生的意义，这并不是数学计算而得出的，而是我们一步步摸索得出的，这个过程艰辛且漫长。对于优越感的追求，我们同样是在摸索中逐步确立和发现的，这不是一个静物，而是一种对

生活的追求、前行的动力。

其实，没人能给我们追求的优越感给出具体的定义，可能是自己的职业目标，但这个目标也只是他毕生理想中很小的一部分。比如，一个人想当医生，也许这就是他毕生的理想，这需要他学习专业的医学知识，而且要有一颗仁慈的心。因此，我们需要留意的是，这人是否善于关心他人，而从这一点，我们就能推断，当医生也许就是他弥补自卑感的一种方式。

我们经过调查发现，不少医生在年少时经历了父母双亡、车祸、亲人离去等经历，这给他们留下了可怕的阴影，他们觉得人是渺小的、脆弱的，是没有安全感的，所以他们会渴望当医生、了解更多的医学知识、救死扶伤，以此来对抗死亡。再比如，一些人想当教师，但教师的素养也是参差不齐的，一些素养不好的人选择教师的职业，也许并不是为了教书育人，而是为了满足自己的优越感，他喜欢的是控制那些比自己弱小的人。

其实，一个人要改变暂时的目标很容易，比如换个工作，换个生活环境，但我们要从本质上改变的是找到内在的一致性，寻求一种统一。

比如，我们拿到了一个三角形，我们从不同的角度看到的是不同样子的，但其实呢，它并未改变，还是原来我们拿到的三角形。我们的性格何尝不是如此呢？只从一个行为是很难判断其性格的，必须要与其他的表现结合起来。所以，无论是谁，即便是做好了当下的这件事，他的人生目标已经实现了，但自我优越感未必实现了。要知道，人对于自我优越感的追求是变化的，一个正常人，在某个行为上受阻时，往往就能找到新的方向，只有那些神经质患者，才会固执于自己的目标，不但不愿意尝试新目标，还告诉自己没有办法了。

每个人都想实现高层次的自我

所谓高层次的自我，指的是现实层次的自我。这里，我们只谈一般情况。我们发现，人的行为都有共性，那就是成为超人，比如，有的小孩子就会把成为超人挂在嘴上，不少哲学家和老师也都想成为上帝一般的存在。在古老的宗教中，这样的例子数见不鲜，比如，教徒们认为自己可以修炼成神，而哲学家尼采在疯了以后，也曾给斯特林堡写信，他的落款是“被钉在十字架上的人”，之所以这样写，就是因为在他的内心，有成为上帝的超现实愿望。而那些狂傲不羁的人，更是有这样一些听起来十分可笑的口头禅，比如“我是皇帝”“我是拿破仑”等，他们渴望成为世界的中心和主宰，让他人围着自己转。

对于常人来说，有人也有想成为超人的愿望，但是会用合理的方式来表达。可惜，我们的很多超现实的想法，比如长生不老、进入另外的世界等，都是以渴望成为超人为基础的。在宗教思想中，上帝是永不灭亡的，甚至可以劫后重生，我们姑且不谈这种思想正确与否，因为这是对人生的解读，是生命的意义。

行为永远遵循优越感的目标

一旦确定了具有优越感的目标，人的行为与生活态度都与之相吻合，他们并不会考虑行动的正确与否，以及对他人的影响等，他们考虑的只是目标能否达成。比如那些罪犯、神经症患者、酗酒者或者问题儿童，他们的生活方式与他们的目标也是存在一致性的，所以，通常来说，我们不能只批评他们的行为，因为他们的行动目标就是这样的。

有这样一个男孩，他是个很懒的孩子，在学校也是如此，当他被问及为什么成绩总是这么差时，他说，老师对那些成绩好的学生不怎么管理，而对于调皮的坏学生则会关注，所以，他宁愿做这样的学生。他的目的就是为了获得老师的关注，并且，他根本不想改变自己的状态，因为这本身就是他的目标。

还有一个孩子，他很听话，但学习成绩不好，看起来很笨的样子。他有个比他大两岁的哥哥，哥哥的生活和学习方式与他完全不同，哥哥显得很聪明，但是总喜欢惹祸。他告诉哥哥：“我宁愿笨一点，也不愿像你那样整天闯祸”，他的目标是避免麻烦，因为在别人看起来，他就是不够聪明，所以，哪怕表现得不好或者做错事，也能免于责罚，所以，他的笨可能并不是真的笨，而是在伪装。

03　设立正确的目标

目标改变，才能带来行动的改变

一直以来，我们治疗的目的都是消除病症，而无论是在教育还是医学上，个体心理学并不认可这一目标。比如，假设一个孩子的数学成绩很差，我们在教育时的目的就是为了提升其数学成绩，而并没有认识到他数学成绩不好的原因，难道是太笨？其实人的智力水平都差不多，而更深层次的原因可能是他厌恶老师，或者反感学校，如果我们没有认识到这一点，即便是强迫孩子学习数学，他的数学成绩也获得了一定的提高，但其实他还是会找到其他方法来达到这一目标。

不少神经症患者，也是运用同样的手段达到自己的目的。比如，一个人有偏头痛的毛病，那么，你会发现，一到出现麻烦的时候，他就发病了，这已经成为他解决问题的一种手段了。同时，头疼可能会让周围的人同情他，这样的方法他怎么可能会放弃呢？这样，即便是我们为他寻找到了药物治疗方法，他的头疼病好了，他还是寻找其他的方法来达到这一目的。

对于一些神经质患者而言，似乎他们总是有新的病症，一种被治疗好了，新的病又会出现，如此自由切换。所以，我们最好是找出他们寻找新的病症的目的，并找到这种目的和他们获取优越感之间的内在联系，才能彻底地解决问题。比如，有一天，有位老师拿来一把梯子，然后用梯子爬上教室的顶端上课，教室的学生一定认为这位老师疯了，因为他们不知道老师为什么要拿来梯子，也不知道老师为什么爬上梯子的顶端，所以他们认为老师疯了。但假如这名老师有自卑情结，而站得更高的话，他就可以俯视学生，就会形成一种优越感，如果他们知道这一点，也就能理解老师的行为了。这就好比我对优越感的解读，虽然很难，但是我会一直这样做。

同样，每个神经质患者也是这样，他们的行为与内心的目标是一致的，其实，要想治疗他们的行为，就要改变他们的目标，而不是行为本身。

自卑感与优越感的案例

我接收了一个中年女病人，她总是感到焦虑不安，工作不理想，甚至没办法养活自己，只能靠家人接济，这是因为她总是找不到合适的工作。她告诉我，她曾经当过秘书，但上司总是骚扰她，她很害怕，不得不辞职，后来，她又找了份工作，但是这名上司对她却是不理不睬，她又觉得不受重视，于是，她又辞职了。就这样折腾了八年，她还是没有找到合适的工作。

在为她做治疗时，我总是试图发现她的童年经历，如果不知道她曾经发生了什么，也就无法了解她的现在。原来，她从小就是个漂亮的女孩子，而且在家里最小的一个，所以父母长辈都很疼爱他，把她当成小公主，并且他们那时就是这样称呼她的。

后来，她提及自己4岁时候的一段经历。当时，她和一些小孩子做游戏，这些孩子大喊着“巫婆来了”，当时很小的她真的吓坏了，回去问奶奶世界上是不是真的有巫婆，奶奶说：“有啊，你身边的小偷、强盗都是巫婆。”从那以后，她就害怕一个人独处，只要离开家，她就感到恐惧，觉得没安全感。

她还跟我谈到她的另外一个经历。在她小的时候，家里有一位钢琴教师，有次，这名钢琴老师想亲她，她的心思就被打乱了，她还将这件事告诉了妈妈，她练习钢琴的事也就自此终止了。从这件事以后，她就更不愿意与异性有亲密接触了，童年经历让她产生了恋爱是一种软弱的表现的想法。

而其实，我们很多人在恋爱时会变得温和，对伴侣倾慕，相反，那些时刻想做强者的人，才害怕因为恋爱而失去自我和强者姿态，一旦呈现这一倾向时，他们就会嘲笑那些坠入爱河的人，并且用这样的方式来逃避爱情。

这个女孩就是这样，她在感情里是软弱的，一遇到有人跟她表白，她就会害怕，只想逃避。而如今，她的父母也不在了，不可能再保护她，所以她不得不自己处理问题，但事实是她没办法处理，她只好求助于家里的亲戚，久而久之，家里的亲戚也感到厌烦了，她此时便会抱怨亲戚们的无情：“你们太狠心了，我孤苦伶仃，你们却不管我。”时间一长，她真的成了孤家寡人了。

不过好在，她的亲戚们还没有真的不管她，而假如他们真这样做，她肯定会发疯，因为她获取优越感的方式本身就是强迫亲戚和家人为她解决问题。她活在自己的世界里，经常产生这样的想法："我并不属于这个世界，我是另外一个星球上的公主。在这个星球上，没有人能理解我。"这种想法如果不得以纠正的话，久而久之，她真的可能会出现精神问题。

我们再来看一个例子：

我还有一位患者，她才16岁，但她从六七岁就开始盗窃，从12岁就开始有了性经验，完全就是我们所说的坏女孩。她告诉我，她的父母关系很差，经常吵架打架，所以当她才2岁的时候，他们就离婚了，她的母亲不管她，把她丢给外祖母抚养，幸亏她的外祖母对她很好。

女孩倒是直接说出了自己的想法："我其实根本不喜欢偷东西，也不喜欢跟男的混在一起，我之所以那样，就是想让我妈妈知道，她不关心我，我就做坏事，她约束不了我。"我问她："你这样做，是报复她吗？"她倒是一点也不否认。这名女孩的所有消极行为都是为了证明自己比妈妈厉害，她之所以自卑，就是因为她认为她的妈妈不爱她，而唯一可以让她感到优越的行为就是不断地制造麻烦。事实上，人在童年时期的一些不良行为，比如偷盗，就是为了报复。

有个15岁的女孩，失踪8天后被带到了法庭上，她在法庭上撒谎，说自己被人绑架了，将她关了8天，可是。居然没有人相信她说的话。后来，家里人为她找来了医生，想让她说出真话，但是她反而因为医生也不相信她，而打了他一耳光。后来，她找到我，我告诉她，我很想帮她，希望她能开心，循循善诱下她说出了自己曾经做过的一个梦，梦的内容是："我在一个酒吧里看到我妈来了，一会儿，我爸也来了，妈妈叫我躲起来，不要让爸爸看到。"

这里，这名女孩很害怕自己的爸爸，并且总是与之对抗，因为她经常被父亲惩罚，所以为了逃避惩罚，她学会了说谎，所以，如果遇到一个喜欢说谎的人，就要考虑到他是否童年时期家教过于严格，要知道，没有人愿意处心积虑地说谎，除非说谎话能给他们带来好处。另外，从这一案例中，我们发现，女孩和她的妈妈是经常合作的。果然，后来，女孩告诉我，那件事是这样的：有人引诱她去了酒吧，并在那里呆了8天，因为害怕父亲惩罚，她才撒了谎。可是，她纠结的心理表现在，她又希望父亲知道此事，以此来表明自己的胜利，以此获得优越感。

弥补缺陷，直面问题

人人都有追求优越感的需求，而对于那些在这一过程中偏离正轨的人，他们该做些什么呢？其实，所有人类都有追求优越感的行为，都应该被理解，只是在这一过程中，他们用错了方式，制定错了目标。其实，我们人类的所有进步，都来自对优越感的追求，我们从贫穷到富有，从无到有，从失败到成功，无不是因为这一点。然而，在人类历史上，只有那些为他人利益而奋斗、为人类发展而努力的人，才是真的实现了超越生活，获得了属于自己的优越感。如果我们从这一点出发以此引导那些走错路的人，可能会有效果。

自古以来，人们对于价值的判断，最终都是建立在合作之上的，我们所有目标与行为的最终目的都是为了更好地与人合作。我们每个人，无论你的身份是什么，甚至包括那些神经质患者和罪犯，当他们没有达成这一目的时，也会为自己寻找借口，其实他们之所以做错事，就是因为他们缺乏和正常人一样的勇气，在他们的内心一直有着深深的自卑情结，这导致他们没有办法与别人合作，这样，他们的行为才偏离了正轨，才开始在不切实际的目标中寻求安慰。

我们所处的社会是一个大的集体，需要我们分工，而这也就有了每个人的特长和优势，也许我们的目标存在错误或漏洞，不过我们总是能发现。我们的社会需要的正是不同类型的人才，有些人身体强健，有些人擅长算数，有些人在艺术领域有所造诣，这都是个人的天赋。其实，越是缺乏什么，越是更关注什么，比如，一个消化系统并不好的孩子，他才会关注营养问题，他希望改变自己的现状，甚至有可能成为厨师或美食家，所以，自身缺陷的存在有时甚至能帮助我们完成一个不可能实现的目标。

第五部分

童年记忆

01 人格的形成

决定一个人整体性格的最为关键的因素是对优越感的追求，假如这个人在某方面有不足而存在自卑感，那么，他就会调动自身存在的潜能，并让自己在这一方面获得突出成绩。对于这一点，我们从个人成长的每一个环节中就能察觉出来。

我们研究个体性格，就好比考古学家，我们想要探索出一个城堡毁灭前的样子，就需要从出土的一些物品，比如，陶器、建筑的残垣，还有破损的纪念物等进行考究。而我们判断人的性格特征，运用的也是类似的方法，我们可以通过了解这个人身上的一些行为特征，选取共性，进而达成了解的目的。

不过，我们在对其进行操作的时候却并不容易。心理学的应用分支很多，但唯独个体心理学最难，为患者治疗的难度也比其他心理学派大多了，他们不可以头痛医头脚痛医脚，而是要认真听患者说了什么，看他们做了什么，还要注意细节的部分，以此推测出真假。

比方说，我们在跟患者接触时，必须要注意很多的细节，比如，他是如何走进房间的，如何与人打招呼的，如何说话、微笑等，这些都是我们要观察并且研究的部分。并且有些细节还有可能存在出入，我们一定要与其他表现结合起来分析，才能得出正确的结论。

再提及我们前面所说的“合作”问题，其实，医患之间也必须合作，才能帮助患者改善甚至是治愈病症，作为医生，我们必须要真正关心患者，理解他们，并且让他们产生信任，才能提高治愈概率。

在我的工作当中，我发现对于那些娇惯成性的患者，纵容他们很容易赢得他们的好感，但是也会助长他们的控制欲；而忽视他们又会让他们产生敌意，而通常这种情况下，对方就不愿意接受治疗了，或者不配合医生的治疗。无论如何，以上两种方法都不是最有效的。

在人的精神世界里，最能展现其真实性情的大概就是早期记忆了，而且，这些记忆并不是瞬间的、即时性的，而是早就扎根于脑海中的。所以，研究这些记忆对于我们的工作很有意义。

其实，很多时候，人的梦境和记忆有着共通之处。比如，人们在做重大决定时，可能会梦到一些类似的情境，如梦见自己通过了一场考试，那么，这表明他对未来是充满信心的。

反过来，除了梦以外，记忆也有类似的作用。比如，当一个人谈起他的童年时，就会表现得很失落：“我的童年很不幸”。反过来，假如他的童年记忆是开心的，那么，他就会觉得生活充满希望。

所以，人的早期记忆对人的性格形成和发展以及生活方式都有着很重要的影响，同时，我们选择去回忆哪些经历，也直接影响了一个人未来的生活。

02 童年记忆与生活方式

人的记忆是从经历中来的，而我们记住了什么，会直接影响我们以后的生活方式。

如果一个人将优越感困于自身，他就会总是觉得别人在羞辱他，与他过不去，这样，一旦外界有什么风吹草动，他就会表现出消极的人生态度，当然，要改变这点也未必做不到。

一个人的人生态度与早期记忆是息息相关的，所以，我们在分析一个人的生活态度时，往往可以了解到他的童年是怎样被长辈教养的，是溺爱还是忽视，他与人合作的能力如何，是否喜欢与人相处，以及遇到问题时的处理方式是什么等。

比如，如果一个孩子视力不好，他在学习和生活中就会格外注意观察事物，以避免自己的视力缺陷给自己带来影响那么，他在回忆自己的经历时，就会有类似这样的表述：“我环顾四周……”假如一个孩子的腿脚不是很利索，他就希望自己能和其他孩子一样奔跑，那么，在他的记忆里，关于奔跑的方面就会记得格外清晰。所以，我们可以说，一个人的童年回忆与他现在的兴趣有着密切的关系，当我们听一个人诉说往事时，往往能洞察他现在的情绪，包括他的人生态度、生活方式乃至对未来的目标。

一个人的早期记忆的内容有很多，但最能说明问题的，还是他怎样讲述自己最初记忆，以及他所回忆的第一件事，因为这件事透露了他的人生观，是他根植于潜意识的东西，所以，我们在了解一个人的性格时，也会想方设法了解其最初的记忆。

当然，对方未必合作，有时候，他们会拒绝回答，或者回避这一问题：

“以前发生了太多，我也不知道从哪说起了。”但即使如此，我们还是能找到一些思路，最起码我们可以发现，这个人不愿意与人分享自己的曾经，也拒绝谈论这些话题。一般来说，这样的人并不多，大多数情况下，人们还是愿意谈论自己早期的记忆，只要我们足够细心，就能发现蛛丝马迹，找到一些有用的信息。

我们在研究人的早期记忆时，发现一个共性：人的早期记忆并不繁杂，而是呈现高度浓缩的状态，鉴于此，我们可以拿来做群体研究。比如，我们在一个班里，只要让每个孩子都将他们自己的早期记忆写下来，我们就大致能对全班的学生做一个了解，也就知道以后该如何教育这些孩子。

03　解析六个早期记忆的案例

对于早期记忆的问题，为了进一步阐述，这里，我要给大家讲六个案例，这些案例是由当事人自己讲述的，我们连这些人是孩子还是成人都不知道。但对这些记忆的单独分析，我们能从点看到面。看出人们对于合作的态度，是积极还是消极，是索取还是给予等。

案例一：关于妹妹

这则案例中的主人公是个女孩，让她感受到不愉快的是她的妹妹，在她的童年时期，她妹妹的存在对她造成了一定的影响，限制了她的成长。她是这样表述的：“我一直等到了妹妹可以上学的年纪，我才可以上学。”这句话就很明显地展现出了她和妹妹之间的敌意，她告诉我，妹妹年纪小，妈妈说必须要等妹妹。

她认为，正是妹妹让她失去了母亲的重视，她把这种被冷落的过错归结到母亲身上，实际上的确如此，她在家里与父亲走得更近。她说："我妈妈每次说话都总是说妹妹，尽管她也爱着我。"

这段记忆对这名女孩后来的人生也有着至关重要的影响，因为妹妹的存在，她感觉自己被母亲冷落，长大后，她形成了不敢竞争的性格，这也许还会给她带来更多的困扰，她也不喜欢和年轻的人玩，她觉得自己很老。

案例二：爷爷的葬礼

这个女孩说她3岁时参加了爷爷的葬礼，从此，她开始认识到了死亡，并且知晓原来人是要死去的。那个时候，祖辈们一般对孩子比较溺爱，不会像父母那样严加管教孩子，同样，这个女孩也是，她得到了爷爷的宠爱，所以爷爷的离开让她受到的打击很大。

她这样阐述自己的那段记忆："我永远忘不了他躺在棺材里的样子，一动不动，脸色苍白。"可能这个家庭里的长辈不应该让一个3岁的孩子这样面对死人，我也曾听很多孩子谈到自己第一次接触死亡，他们对死亡的印象很深，并且从此难以磨灭，这女孩就是如此。通常来说，死亡的记忆很难被消除，所以，在他们的思维里，就会产生想与死亡对抗的想法，而最好的办法就是当一名医生，很多医生在谈到自己的童年记忆时，就有这样的片段。

之后，她又阐述："后来，我和他们去了目的地，棺材被放到墓穴里，那些绳子从冰冷的棺材中被拉出来。"这些细节描述更验证了我的猜测——她是一个视觉型女孩。后来，只要她见到有亲人或朋友去世，她的内心都会颤抖。

若再谈到死亡这个问题，我如果问她："你以后想做什么"，我猜她应该是想当医生，而即使她没有回答，我如果暗示的话，她也会表现出对死亡的恐惧。

总结这一案例，我们可以说，这个女孩有个很疼爱她的爷爷，她的爷爷去世时的场景，在她的记忆里留下了难以忘记的印象，她是一个视觉型女孩，她对自己的生命得出的结论是：她也会死去。此话不假，但我们不能把关注点放到这个事情上，还要放到很多需要我们关注的东西和努力的目标上。

案例三：我的父亲

总结对于孩子来说，在孩子刚出生的几年里，更依赖的是母亲，他们与母亲的关系更亲密，因为母亲有更多的时间陪伴他们，而到了发育的第二阶段，才会关注父亲更多。而如果一个孩子起初先关注父亲，那么很有可能是母亲失职，或者是家里有了弟弟妹妹。

在向我阐述她的情况时，她说：“有一次，父亲给我们买了一对矮种马，”我以为她会提到自己的弟弟妹妹，但我猜错了，“我的姐姐，将马牵了过来……”看样子，她的妈妈更喜欢姐姐。“姐姐手持缰绳，驰骋在街上，她看起来得意极了，可是我呢，我摔倒了，根本不可能像她那样有良好的表现。”女孩这样表述着，好像自己就是失败者，永远不可能超过姐姐，不过她说：“我就是要比她强，这样我才有安全感。”

从这段描述中，我也就知道了她更依恋父亲而不是母亲的原因了。“后来，我确实比姐姐优秀，赢过她了，但是那次的事情我一直忘不掉。”即便她已经实现了超过姐姐的目标，但她始终觉得自己是失败者。赶上他人成了她寻求安全感的方式。

这种体验我们在前面也提及过，在较小的孩子身上，很容易产生认为自己比哥哥姐姐差的自卑感，他们为此树立了必须要超过他人的目标。

案例四：我的姐姐太喜欢带我出去社交了

这个女孩是这样叙述自己的故事的：“家里有6个孩子，在我出生前家里都是男孩子，而我出生那年，我的姐姐已经18岁了，对于我的到来她特别开心，经常带我出去炫耀，她经常这样对我说：‘来，告诉别人你叫什么。’”这一做法其实是不对的，因为孩子被当成了炫耀品，她就会过度关注自己，而不是为他人做奉献，并且，被人殷切地期望说什么的孩子，反而容易产生口吃、结巴的问题。

“只要我说不出的时候，回家就会被数落，所以后来我就害怕出去见人了。”看来这孩子并不喜欢表现自己，她害怕社交，因为社交存在着出头的风险。因为必须要出头，所以她感到很累。

案例五：我讨厌拍照

前面我们说过，在一般的家庭里，祖辈对孩子们是十分疼爱，有女孩这样阐述：“我5岁那年，我的曾祖母来家里了，我们拍了全家福。”

“那天，我清晰地记得，我穿的是一件白色的绣花裙。我们到了照相馆，在拍全家福之前，长辈想让我和弟弟一起拍张照片。”在阐述这些的时候，可以看出来，这是一个很恋家的女孩子，稍后，她提到了她和弟弟的故事：“弟弟被放在我旁边，他的手里拿了一个红色的球，那是大人给的，为什么我什么都没有。”果然，如我所料，女孩觉得弟弟夺走了自己的爱。

“当时，他们还让我笑，可是我怎么笑得出来呢？他们给他红色的球，我有什么呢？那张全家福，大家都很好看，笑得很开心，除了我。”在女孩的心里，她觉得大家对她很不公平，于是就用这样的方式和家人作对。果然，正如我猜测的那样，她说：“到现在，我都很讨厌拍照。”

我们能从一个人的记忆中，感受到他对人生的态度。当我们的内心存在某种印象时，就会用这种印象去看一切事物。很显然，对于案例中的女孩来说，那次的拍照事件让她很不开心，所以，她后来都不喜欢拍照了。从这些记忆片段中，我们可以得出：第一，她是视觉型的人；第二，她非常恋家，因为她早期的记忆就是围绕家庭来的，所以导致了她无法适应社会。

案例六：我去酒窖尝到了苹果酒

“当时我才3岁，那天妈妈的一个下属来家里做客，是一个姐姐，妈妈后来出去了，姐姐竟然带我找到了家里的酒窖，以前我都不知道有这么个地方。我们喝了苹果酒。”在熟悉的家里发现了酒窖，这是十分有意思的一件事，不过从她的回忆中，我们可以提炼出两点信息：第一，这个女孩喜欢新鲜事物，喜欢尝试；第二，有很多意志力更强的人可能会来诱骗我们，将我们引入歧途。

接下来，她谈到：“过了会儿，我们还想再多喝点，就又开了酒。”看得出来，这是一个勇于探索新事物的姑娘，但不幸的是，苹果酒被打翻了，她当时害怕极了。

我想这样的经历，会让这位姑娘变成一个禁酒主义者，果然，她说：“我不知道自己不喜欢苹果酒和含有其他酒精的饮料，是不是跟这件事有关。”很明显，早期的一段经历，影响了后来她对某个生活习惯上的态度。

其实，我们也发现，这名女孩是个善于汲取经验和教训的人，因为去酒窖，打翻了苹果酒，从此她就不喜欢这种饮品了，这就是自我纠正。这也是她个性中很大的一个特点，因为善于自我反省和纠正，善于改正错误，善于积极进取，所以她可以拥有很好的生活。

上面我讲述了六个案例，但无论是哪个，都告诉我们要有自己的推测能力，进而才能更好地掌握这门艺术。不过，我们在确认这一点之前，最好要将个体的个性特征考虑在内。接下来，我们将来谈谈这个问题。

早期记忆是人的行为的根源

我有一个病患，他36岁，他为自己的工作问题感到焦虑，他说自己总是找不到合适的工作，而实际上，他原来有一份不错的工作，那是一份经纪行的工作，是家人为他找的，这一份工作他已经干了8年，但是他认为自己并不喜欢，所以在忍了8年后，他终于辞职了。他认为凭借自己的能力，完全可以找到合适的工作。然而，事与愿违，现实没有他想象的那么简单，他到处碰壁，开始焦虑、失眠甚至是轻生。庆幸的是，一段时间后，他终于在外地找了一份看起来还不错的工作，但是他又突然接到母亲去世的消息，所以不得不回家乡。

这是他跟我说的故事。从他的故事里，我判断这名男士应该和母亲的关系更好点，而父亲比较严格，所以，他想要摆脱父亲的管束，以此证明自我和实现自己的价值，果然，在后来的对话中他告诉我，他在家里排行老三，上面是两个姐姐，两个姐姐都对他颐指气使，而他的父亲对他更是如此，总觉得他没出息，只有母亲对他很好，以平等的态度对待他，所以他与母亲的关系更亲密一点。

他14岁才入校学习，那时候他的父亲买了一个农场，希望他在未来能帮助自己，所以他去读农业学校。在学校，他很努力，尽管他并不是很喜欢学习。后来，他的父亲又认为，未来要打理农场，就必须让他进入经济行，所以，按照父亲的意愿和安排，他又在经济行干了8年，尽管他不喜欢这份工作，但是为了让母亲安心，他坚持下来了。

他告诉我，他从小就害怕一个人待着，也害怕黑暗，喜欢干净。从中我猜到，他母亲在平日里会替他打理好一切，并且会经常安慰他。

他又　他不喜欢交朋友，也不知道怎么跟人相处，也没有谈过恋爱，更不敢奢　婚姻，因为他认为父母的婚姻是失败的，他可不想自己遭受同样的经历。

8年的　济行工作后，他认为自己真是受够了，他想要去广告行业，但是父亲并　同意，认为他还是应该继续待在经济行。于是，他辞职后家里断了经济支　这里，我们可以发现，这名患者一边反抗着父亲，一边又害怕伤害父亲，　以让自己陷入了两难的境地中。

他告　，在他还小的时候，他在父亲的饭店帮过忙，他很喜欢刷碟子，他觉　好玩，还将刷好的碟子从一张桌子上滑到另外一张桌子上，但是他的父　而很生气，认为这是不务正业的表现，并当着很多人的面给了他一巴掌，　他的自尊心受到了严重的打击。果然，从这件事之后，他便和父亲站在　立面。唯有伤害了父亲，他心里才舒服。

后来，　名患者想到自杀，也是因为他想表达对父亲的谴责。其实，关于自杀这　题，我们经过长期的研究也发现，自杀从某种意义上来说，就是患者自　他人的一种谴责，他们想表达的意思就是："我死了，这不是我的错，　你们逼我走上这一条路的。"

所以，　于这位患者而言，但凡是父亲为他做的安排，他都会拒绝和反抗，但是　想成为优秀的人，所以他也想过自己创业，但是因为从小娇生惯养，他　不了苦，所以只能勉强在经济行做了一份自己不喜欢的工作。

这名　有失眠、焦虑的症状，这是从何而来的呢？很简单，因为他夜里睡不　而第二天又无精打采，当他的父亲催促他上班时，他就有了借口："我一　没睡，没法去工作。"

最开始，他说自己并不做梦，但是后来不知道为什么会做梦。他说自己总是梦到有人朝着墙壁扔球，而球会弹开，一弹开，他就醒了，那么，他的梦是什么寓意呢？其实，寓意是他觉得自己一直是被动地接受别人的安排，而自己根本不喜欢那些事。只要梦里有人朝着墙壁扔球，他就会醒来，并且难以入睡了，而失眠就导致了第二天他精神状态萎靡，无法工作。

对此，我给他的解释是，他正是通过失眠来反抗父亲对于他在工作方面的安排，而父亲也很无奈。其实，他的这一举动是聪明的，但于人于己，却又毫无意义。所以，我的任务就是帮他做出改变。

在听了我的解释后，他就不再做这个梦了，但还是会在深夜里醒来，而他知道了梦的含义，所以，就可以不必使它继续，但是几天下来，他感到很累。对于这一情况，我认为，必须消除他对父亲的敌对情绪，但只要他不放弃要击败父亲的想法，他还是会和从前一样。

我尝试着这样引导他：“我认为你的父亲在这个问题上错得太离谱了，他太专横了，你是他的儿子，所以他认为在你身上施展权威无可厚非，但是真正需要治疗的是他，而你能改变什么呢？毫无办法，就算天要下雨，你也只能带把伞，并不能改变天气。你想反抗，也只是徒劳和浪费时间而已，你认为反抗，才可以显示出自己的强大，但实际上，最终最大的受害者是你自己。”

接着，我指出了他这样做导致的一系列负面影响。比如工作失败、逃避婚姻和家庭，而这些方法只是用伤害自己的方法来反抗父亲。“那既然这样，你还不如晚上睡觉前想象一下，要让自己不停地醒来，这样就会失眠了，第二天就不用上班了，你对抗父亲的目的就达到了。”

果然，我的一番话成功逗乐了他。他也说，人在幼年时这样做会觉得很好玩，但作为成年人，再做出这样的行为，就难免幼稚了。

这里，我们要提到一个心理学名词——恋母情结，也就是俄狄浦斯情结，在这个[illegible]人身上的现象与这一情结很相似。他依恋母亲，对付父亲，当然，这不是[illegible]关系，也不是因为遗传，而是因为父亲太过严厉，而母亲宠爱他。错误的家庭教育让他对生命解读的方式也出现了错误。

其实，[illegible]多用这样的家庭教育的方式养育出来的孩子，都或多或少有这样一些行为。

第六部分

梦

01　梦的传统解读

对于梦的解读，一直以来都没有什么科学的依据，不过我们不能否认其可供借鉴的部分。至少，这些解释彰显了人们对于梦的想法和态度。

梦是大脑进行的一种创造性活动，找到了人们对于梦的期待，也就找到了做梦的目的。在刚开始我们从事对梦的研究时，就已经发现人们总是习惯性地将梦和未来联系在一起，他们在遭遇困难时，总是想着所谓的神明、仙人或者已经逝去的长辈能给自己正确的指引。

古代关于梦的典籍有很多，不过，综合起来看，我们发现他们都会认为梦是一个预言家，可以带领我们走进未知的世界，帮助我们预测还未发生的事情。比如，在原始社会，人们认为梦是对未来的预测，而古希腊和古埃及人经常会到寺庙里求梦，希望得到启示，他们认为这是驱邪治病的好方法；美洲的印第安人，为了得到指引人们行为的梦，会用沐浴、斋戒等方法将梦引出来；《旧约》中也有这样的记载，证明梦可以预测未来。不过科学告诉我们，这些说法都是不可取的。

我在一开始从事这一方面的研究时，就明白一点，人在清醒状态时对事物的预测能力，远超于在梦中的预测能力，因为人在做梦时的思维是难以理解的、混乱的，相反，人在清醒状态下则考虑得更清晰。

不过，我们并不能全盘否定传统方法对于梦的解释的所有可取之处，实际上，当我们对梦有了一定的了解后，就会发现其中的奥秘：一定程度上，梦真的可以指引我们在未来应该走的路。我们都知道，人们经常会将梦视为克服困难的一种途径，也就是说，人们是为了寻找未来的方向，才会做梦，但这并不是说梦可以预测未来，面对难题我们还是必须依靠切实可行的方法，而在梦中出现的任何方法都缺乏成熟的思考，所以不该成为我们可以依靠的依据。

02　弗洛伊德学派与梦

在弗洛伊德心理学派看来，梦是具有科学性的，但他们在解释这一观点的时候却并不科学。比如，他们研究人的梦的时候，有个前提条件，就是白天和晚上大脑的差异，并将“有意识”和“无意识”对立起来，认为人在做梦时的思维和白天的思维不一样，我们不得不说，这一观点是缺乏科学依据的。

对于思想观念问题的研究，古代人总是喜欢将其放在一个对立和极端的位置进行考虑，在神经官能症的患者中这种简单推理表现得更为突出，比如他们普遍认为强弱、老少、男女、冷热等都是相互对立的，而我们从科学的角度看并不是如此，而是相互依存、可以相互转化的，不是绝对对立的。

另外，弗洛伊德认为人的梦的研究应该在性的背景下进行，其实这也是将梦与人的正常活动分离了，如果这一观点是对的，那么梦就成了人的性格的一部分，而不是整个性格的表达了。其实，他们自身也认为这一观点有所欠缺，但是弗洛伊德本人却认为，在人的梦中，有求死的愿望，这是有一定道理的。我们前面也提及过，人做梦，有时是为了寻找到解决问题的方法，以弥补人在现实生活中能力的缺乏，虽然弗洛伊德的观点对此有些隐晦，让我们无法了解梦是如何反映整体性格的。不过，我们也不能否认他的这一方法中值得我们利用的东西。比如，他认为在梦的分析中，重要的是要找出梦境背后隐藏的部分。

在我们所说的个体心理学中其实也有类似的观点，但是弗洛伊德的各种分析方法并没有科学的依据，也缺乏深入的、透彻的分析。

我们都知道，在弗洛伊德关于梦的解析中，他的回答是“梦是为了满足没有实现的愿望”，其实这一回答就不具备普遍性。举个例子，如果我们不记得梦境了，所做的是一个无法解释的梦，那么这一情况又怎么满足自己呢？谁都会做梦，但是却没有人能理解，那么梦又怎么能给自己带来乐趣呢？倘若我们认为梦和现实生活是应该分离的，那么梦也只是我们在梦中的愿望的实现而已，就失去了其现实意义。

其实，我们应该说，人无论在做梦还是在清醒状态下，都是同一个人，而在做梦时，个体的性格与其性格也是一致的。不过有一种人应该被我们排除在外，那就是被严重溺爱的孩子。他们的疑问是：“我如何能满足心愿？我可以从生活中得到什么？”他们也会在梦里寻找自己渴望的东西，而如果我们细细分析弗洛伊德的观点，就会发现，他所说的也是那些被溺爱的孩子的心理，这些孩子以自我为中心，甚至认为他人的存在是多余的。他们会认为无须对他人好。

心理分析学派对这些孩子进行了仔细的研究，结果发现这些孩子追求的很多，而对于满足感的追求只不过是其中的一部分，并不是他们整体性格的表现。其实，只有我们真正了解了目的，才能解开那些关于梦的令人费解的问题。

03　个体心理学流派对梦的研究

关于对梦的研究，我已经进行了25年，这一问题着实很让人头疼。我认为，人在梦里的生活与现实的生活是有关联的，假如我们白天在努力解决某个问题，那么，睡着了就有可能还在思考这一问题。所以，我们可以说，人在梦里的目标和现实中的目标是存在一致性的，也就是人们在睡眠时也同样为了现实中的目标而奋斗。所以，梦反映着生活方式，并与之有紧密的联系。

梦是唤醒感觉的工具和方式

不知道生活中的你是否有这样的情况：明明夜里睡觉做梦了，但是早上醒来的时候，却什么都不记得了，完全找不到踪迹，但事实上真的什么都没有留下吗？肯定不是，至少你知道自己做过梦了，只是没有画面。这种感觉并不会消失。梦的目的其实就藏在这种被激发出的感觉中，所以我们说梦是唤醒感觉的工具和方式，而梦的出现为的就是将这些感觉留住。

每个人由梦引发出的感觉必然和他的生活方式相符，虽然梦里的思想和清醒时的思想存在一定的差异，但绝不是对立存在的，而是有一定关联的。我们在做梦时，所感觉到的现实感比清醒时少一些，但并不是完全脱离现实生活。比如，我们在白天遇到了某种问题，做梦时也还是被困扰，最简单的依据就是：即使做梦，我们也不会从床上掉下来，而孩子的父母，即使白天很累、晚上酣睡，只要一听到孩子哭闹马上会清醒。所以，我们可以确定一点，即便处于睡梦中，我们的思维和外界还是保持着一定的联系。当然，这种感官知觉即使存在也是比较弱的，这也使得我们与外界的联系有些松散。我们可以发现，在梦境里我们通常都是独自一人，外在的压力也小了很多。

可以说，睡眠正是因为做梦而受到了打扰，也就是紧张感的存在导致了梦境的产生，由此我们可以断定，一个人在不能确定问题是否可以得到良好的解决，当现实压力延及睡眠、提醒我们有亟待解决的问题时，才会导致梦的产生。

保护生活模式不被现实与常识威胁

在梦里，我们不必应对所有繁杂的问题，而且不少问题也会变得简单得多，做梦成了支持我们的生活方式、保护自己的生活模式不被现实和常识所要求和威胁。所以，如果一个人在现实生活中不想用常规的方式来解决问题的话，他就会在梦里表现出来，引起某种让他坚定想法的感觉。

表面上看，这与我们在清醒状态下的生活是格格不入的，但其实二者并不矛盾，我们在睡眠时和在清醒时的感觉是一致的。比如，当一个人遇到了难题，他不想按照常规方式来解决，而是想用自己的方式来处理的话，就会寻找一种合理的理由来支持自己的想法。比如，如果他想一夜暴富，但是又不想脚踏实地赚钱，那么他很有可能想到赌博，但是在他的意识里他又知道赌博的危险，很有可能为此更贫穷，甚至倾家荡产，但是他还想试试，并且开始为自己搜罗各种理由，所以他在脑海里就会幻想各种在暴富后的场景，比如有金钱、豪车、豪宅等。

生活里，这样的事情我们经常看到：原本你正在安心工作，但是有人告诉你电影院马上放映一部很好看的电影，你很有可能放下手头的工作去电影院。而恋爱中的男男女女更是如此，如果确定对方喜欢自己，就会幻想在一起后的美好生活；而如果发现不被对方喜欢时，就不会产生这样的幸福，甚至心情都是灰色的。

梦醒后的感觉对常理的影响

如果我们记不住做梦的内容的话，那么，就只剩下做梦的感觉了，那么，梦对现实还有影响吗？当然有。其实，梦和我们现实生活中的常理是独立的。我们在研究过程中发现，那些不愿意接受感觉控制的人，他们通常在做事时喜欢按照科学严谨的方式，这种人做梦的可能性就很少，甚至不做梦。而也有一些人，他们喜欢按照自己的感觉做事，他们喜欢避开常理，也就是现实的要求，所以才常常做梦。

由此可见，梦是想在个人生活方式和当前的问题之间建立起联系，但又不愿意改变现在生活方式的一种企图。而做梦的内容取决于我们的生活方式，一个人在梦里的表现，刚好映射了他的人生态度，其实人无论是在梦里还是现实中，处理问题的方式并没有多大的出入，这是梦对我们的生活方式提供了支持和保护。

如果这一观点成立的话，我们可以对梦做出进一步的理解。梦里我们会对自己撒谎，每个梦其实是自我催眠，目的是为了引起我们的某种感觉，并为我们在清醒状态下提供可参考的方法。在梦境中，我们所表现出来的性格表现与现实状态下是一致的，另外，通过梦境我们还会发现白天所需要的各种感觉。

那么，实际情况是怎样的呢？

梦其实是有选择性的，它会选择某个特殊的场景、片段或者故事等。

当一个人在回忆过往的时候，会整合画面，对事件进行选择，前面我们也提及，人的选择是有倾向性的，通常是倾向于那些有利于实现人生目标的方面。梦里的情境也是如此，我们在选择梦境时，也会选择那些与自己人生态度一致的事件，梦里我们也会按照自己在生活中解决问题的方式来处理问题。然而，如果在现实生活中遇到问题，就要结合常理以及其他合适的方法进行处理。

04　梦的构成

象征与隐喻

梦的构成部分到底是什么呢？

很久以前，人们就已经认识到梦的构成部分是象征和隐喻，对此，一位心理学家说："梦境中的我们都是诗人。"那么，为什么梦是充满隐喻的呢？其实很简单，如果没有象征和隐喻，就无法避开常识。

不过，象征与隐喻经常会被乱用，尤其是在同一时间内叙述两件事时，就有一件事会被认为是假的，进而会得出完全不同的结论，它们可以唤醒人的感觉，这种情况我们在每天的生活中都会体验到。比如，当我们发现某人犯了某个错误时，我们可能会说："你已经不是小孩子了。"一些看起来并不起眼或者并不想干的东西，常常在我们需要隐喻的时候被"征用"。比如，当一个体型高大的男人对一个瘦小的人表达愤怒时，他可能会这样表达："你简直就像一条可怜的小虫，我动动脚就能踩死你。"这就是借用了隐喻。

隐喻固然巧妙，但是似乎人们却喜欢用它来欺骗自己。比如，荷马会用雄狮来描述彪悍的希腊军队，而此时，我们脑海里浮现的是一幅壮观的画面，但是假如他用狮子形容的是一群可怜的士兵是怎样打仗的，你信吗？肯定不信。

在荷马看来，狮子是用来形容威风凛凛的战士的，当然，我们都知道，人不可能是狮子，但是如果他把一首诗的重点全放在描述战士们汗流浃背、体力不支上，而非如何攻克难关、奋勇杀敌上，想必我们就不会感动了。通过隐喻，我们可以产生幻想。但我们要认识到的是，假如隐喻与象征被一个拥有生活态度和方式的人拿来使用，就会出现危险。

比如，一个学生即将面临考试，他必须要面对，但如果他是个习惯逃避的人，那么，他就很有可能梦见自己身处战争中，这一直观的问题被他喻化后，他就很有可能梦见自己站在悬崖边上，必须要努力往回跑才能避免坠入深渊。而之所以在梦中出现这样的场景，就是为了迎合现实，考试就是深渊，往回跑就是一种自我逃避。还有一种经常在梦中被运用的策略，那就是化繁为简，将不重要的部分省去，只留核心的部分，然后再用隐喻的方式呈现出来。

此时，假如另外一个学生，他是自信的，对人生有理想，他希望自己能通过考试。那么，此时他需要的是一些支持，进而让自己更有信心，这也是他长久以来的生活方式。那么，他在考试前的梦中，也许会梦到自己站在山顶，这是一幅简化的画面，只是表现出了他生活里很小的一部分。考试对于他来说很重要，在梦中，他对一些细枝末节进行了删减，最终落在了他所渴望的成功上，然后便有了梦中的感觉。

所以，第二天早上，他会感到精神充沛、自信满满，认为自己一定能考好，其实，这何尝不是一种自我欺骗呢？只是这种欺骗是积极的、自信的。

这两种梦境都是对感觉的刻意营造。比如一个人想跨过面前的一条小河，在起跳前，他会在心里默默数到三，那么，必须数到三吗？其实不然，只是这样数数，能增加信心和勇气。

梦境中的自我欺骗

在叙述这一点前，我想先说一个我自身的故事：

第一次世界大战期间，我被安排在一家医院工作，工作的内容是帮助那些对战争有恐惧的士兵克服心理疾病。在他们治疗期间，我一般会安排一些轻松的工作给他们，以此减轻他们的心理压力。

有一天，我接待了一位体格非常强壮的士兵，他的体型优势是我见过的最好的，但我发现他的情绪似乎很低落，其实我希望他能回家去，但是上级不会批准，而且我也不可能让所有患病的士兵都得到这样的优待。所以，我告诉他："你有战争恐惧症，不过你的身体没有问题，我可以为你安排些轻松的工作，这样你就不用上战场了。"

我以为这位士兵会高兴，但没想到，他更加难过了，说："这下糟糕了，我的家人要饿死了。"我问他为什么，他说他只是一名穷苦的教师，全家人都指着他那点微薄的薪水度日，而如果他不回去，他们就会饿死。

其实，我特别想让这名士兵回家，不用去战场，这样他的家人也都有救了。但是我很纠结，如果我提出申请，上司一定会批评我，我就有可能被派去前线。最后，我使尽浑身解数，写了个证明，表明这名士兵只适合做警卫。

而就在那天晚上，我居然做了一个可怕的梦，我变成了杀人凶手，我置身于一条黑暗的街道，我一直狂奔，我使劲回想，但之前的就是都想不起来，但那种杀了人的感觉特别明显，我感觉一生就这样完了。

醒来以后，我的脑海里突然闪过一个念头：我到底杀了谁？但也就是在那时，我认识到一个问题，如果因为我的诊断结果，这名士兵还是被派去了前线，而在前线的战争中，他牺牲了的话，那么，我就是间接的杀人凶手。而我做的那个梦，就是一种自我欺骗。事实上，我没有杀人，就算我害怕的最坏的结果发生了，那也并不是我的原因。要知道，我是一个医生，医生的职责是救死扶伤。我对自己说，如果我告诉上级让他去做办公室的工作，他很有可能因此真的被送到战场，那我就真的是害了他了。所以，我唯一该做的就是为他出示一份证明，证明他只适合做警卫工作，这样既不违背我的意愿，又合情合理。

但后来却发生了一些事。虽然我将证明交给了上司，但是上司根本不在意，径直将证明丢在了一边，我当时心想，这下完了，这名小伙子恐怕是难逃要去前线的命了，我当时要是写他只适合办公室的工作就好了。然而，最终结果却让我大跌眼镜，最后他居然去了军事机关工作，时间为期六个月。原来，这名士兵对我撒了谎，他根本不是什么教师，家里也没有什么一家子人要养，而他这样做，只是为了得到一份更轻松的工作。所以，他贿赂了上级领导。从那以后，我笃定了一件事：还是别做梦的好。

有时候，梦具有迷惑性，这让我们很难弄清楚它的含义，而如果我们能弄清的话，就不会被梦欺骗。其实，很多时候，我们做决定还是要理性点，尽量按照常理来，而不应该过多受梦境的干扰。如果梦里的情境都能给出一个合理的解释，那么，梦的目的就没办法实现了。

事实上，梦是将人的现实生活和人生态度连接起来的媒介，我们的人生态度，本就不需要刻意强化，而需要与现实接轨。梦的形式多样，而且是个人的梦，所以，我们所说的对梦的分析，也是针对个体的，而无法总结出适用于普遍情况的关于梦的情境的公式。

案例1：从梦境中映射出对现实生活中的纠结

我遇到一个女患者，她是一名神经官能症患者。她是个完美主义者，且好胜心强，对自己要求很高，而且努力工作，但一直没有结婚，而她来寻求我的帮助的时候，几乎已经达到了快要崩溃的边缘。

她告诉我，她与一名有妇之夫恋爱了，对方年纪不小，曾经事业有成，但是后来事业失败，但她还是愿意嫁给他，但是男人告诉她，他不可能为她离婚。

后来，她总是做梦，梦的内容是：她梦见自己在乡下，而她的公寓租给了一个男人，这个男人在她的房子里结婚了，但是婚后却没有钱给房租，而且这个男人很不上进，这让她很反感，最后她决定要将这个男人赶出去。

在她向我陈述完这个梦以后，我发现，她的梦境其实是就是对她的现状的映射。她纠结的问题是要不要嫁给那个生意失败的男人，她很喜欢这个男人，但对方生意失败，根本不可能给她优越的生活，而且，他们一起去餐厅吃饭时，男人连饭钱都掏不出来，这让她感到更纠结了。

她是个好胜心很强、野心勃勃的女人，她不能接受贫困潦倒的生活，但是她又想和这个男人结婚。所以，一想到这个问题，她就生出了梦境中的内容："他租了我的公寓，但却连房租也付不起，那我该怎样做呢？"就这样，她很容易得出答案：将他赶出去。

不过，在我们的现实生活中，婚姻不等同于租房，而有妇之夫也不是那个房客，这有着本质的区别。在现实中，这个男人生意失败，养不起她，给不了她风光的生活，所以，为了保护自己的生活方式，她就认为："我不该和他结婚。”在梦境中，就是：“既然他租不起我的房子，那我就要赶走他。”

我们在治疗患者的过程中，要达到的一个重要的目标就是，帮助患者增加解决现实问题的勇气。所以，随着我们对患者治疗进程的推进以及患者病情的缓解，患者发现，他们梦里的内容发生了变化，而且他们对梦的解释也产生了变化，他们对生活也更自信了。

我还接待过一个抑郁症患者，她在出院时做了这样一个梦：“我当时一个人坐在椅子上，但是突然间，暴风雪降临了，我赶紧和丈夫一起跑进屋里，然后我看了份报纸，并且在广告栏里，为他找到了一份合适的工作。”

她想不出自己为什么会做这样的梦，其实，她是希望自己能与丈夫修复关系，她的丈夫在工作上不如意，她痛恨这一点，还用言语奚落和打击他。后来，他们分居了，这段期间，她认真思考了他们之间的关系，突然发现，原来他们可以一起面对所有的困难。

她也认同的结论：虽然她希望和丈夫重新在一起，但是内心还是顾虑重重，并且很在意周围人的看法。不过她清楚地知道这一点：她很不喜欢独处，只不过现阶段，她还没有做好和丈夫重归于好的准备。

案例2：喜欢诋毁人的男孩

有次，我接待了一个10岁的男孩，他在老师的印象里是个问题少年，他经常偷东西，对人刻薄，而且他喜欢将偷来的东西放到其他人的桌子里，然后嫁祸于人。按照我的猜测，他应该是认为别人看轻了他的能力，而这种心理多半是受家庭影响。

这个男孩曾经还因为伤害一个孕妇而陷入麻烦中。当时，这名孕妇走在街上，他竟然朝孕妇扔石子。按照他的行为，我猜测，他在家里应该还有弟

弟或者妹妹，而弟弟妹妹的降临让他感觉到不快乐。他的老师告诉我，他不仅喜欢捣乱，还喜欢欺负小女孩，这下，我猜出来了，他应该是有个妹妹。

后来，我了解到，他生长在有5个孩子的家庭，而他是老大，下面是4个妹妹，其实他对他的妹妹们非常好，这一点是我没想到的。他的母亲告诉我，他们夫妻关系很好，很恩爱，而唯一让他们感到头疼的就是大儿子的教育问题。

其实很多幸福的家庭，也有类似的情况，父母优秀，家庭关系和谐，但是孩子却很叛逆，而其实，正是夫妻关系的幸福导致了一定的隐患的存在，在这样的家庭里，孩子只希望母亲爱自己，而不喜欢与人分享母爱。

当然，那些不幸的家庭对孩子的伤害更大。那么，我们该怎么做呢？最重要的依然是培养孩子的合作能力，进而让孩子投入到家庭关系中，而不是把全部的兴趣放在一个人身上，而这个孩子就是渴望被溺爱的孩子，尤其是母亲的爱，而一旦母亲对自己的关注度不够，就会采取措施来博得关注。

果然，我的猜测得到了证实，在这个家里，父母扮演的是“严父慈母”的角色，母亲认为父亲对孩子严厉点更好。久而久之，男孩对父亲的意见越来越大，关系也越来越疏离。他的父亲其实是个很优秀的男人，而且很顾家，但是因为这个让他头疼的大儿子，他经常很晚才回家，他对孩子很严格，甚至偶尔还会动手。但男孩也是聪明的，他知道父亲也是为了自己好，所以他并不憎恨自己的父亲，只是，他学会了隐藏自己的情绪。他很喜欢自己的几个妹妹们，但就是不怎么跟她们玩。夜里，他睡在沙发上，而妹妹则和父母在房间的床上睡，所以，他的心情可想而知，他认为睡在那个婴儿床上才是幸福的，他也希望得到妈妈的关注，可是妈妈似乎跟妹妹们更亲近，所以，他就变着法儿博得母亲的关注。

他是个体格不错的男孩，他吃了七个月的母乳，而第一次他被奶瓶喂奶的时候吐了，此后，他就一直出现吐奶的现象，这种情况一致持续到3岁，可能是他的肠胃功能不好。现在他的饮食很正常，不过他不喜欢吃家里的东西，为此妈妈经常给他钱，让他自己去买东西吃，但即便如此，他还经常跟别人说妈妈没有给他钱，这种诋毁别人带来的优越感，让他很高兴。

他向我叙述了曾经做过的一个梦，梦的内容是：

“我是一个西部牛仔，我被送到了墨西哥，而我想回到美国，不过需要靠我自己的努力，当时，我在往回走的时候，有个墨西哥人不让我走，我当时为了对抗他，朝他的肚子踢了一脚。”

其实，他的这个梦想要表达的内容是他被敌人包围了，而他必须突围。在美国，西部牛仔承载了英雄的含义。而在这个人看来，欺负小女孩和踢别人肚子都是一种勇猛的行为，因为他肠胃功能不好，所以肚子是脆弱的部分，他的父亲也有胃病，这更表明了肚子的重要。

从他做的梦，以及他的种种行为，我大致判断出了他的人生态度，而我必须将他从这种行为模式中解脱出来，不然他有可能做出更出格的事，甚至还会拒绝我们医生的帮忙。我发现，在他的梦里，他渴望成为英雄，渴望征服别人，而我的任务就是要让他认识到这一点是自欺欺人，不然他永远不会做出积极的改变。

我帮他解释了他的这个梦，我告诉他，梦里的他，生活在一个充满敌意的国家，而他想要往回走，就必须攻击拦住他的墨西哥人。后来，他再次来到我的诊所，我问他自己有什么改变吗？他只是说：“我曾经是个坏孩子。”我继续问：“那你以前做错了什么？”

“我总是欺负年纪小的女孩。”其实，我知道，他这么说，并不是真的认识到了自己的问题，而是因为他知道我想要改变他，所以他坚持说自己是个坏孩子，他这么说似乎是在向我传达一个信息：“如果你非要改变我，我也会踢你的肚子。”

但即使如此，我也不可能放弃引导他的初衷，接下来，我认为要改变他，就要削弱他从英雄角色里获得的快感，所以我继续问：“你见过哪个英雄欺负柔弱的小女孩？我认为真正的英雄，是能与有实力的女孩一较高下的，或者放弃这种行为”。这只是我对他进行治疗的一种方式，我必须要让他认识到自己的这种行为是愚蠢的，以免他将来犯下大错。

另外，我们还鼓励他参与到人际合作中，从合作中找到自己的人生目标。

案例3：为什么她想成为男孩

我有个患者，24岁的单身女孩，在一家公司做秘书，她的苦恼是想成为男孩。

她告诉我，她的老板是个欺软怕硬的人，她很讨厌他，而她也不善于与人交际。我知道，她应该是个以自我为中心的人，渴望成为被他人注目的人，而她的老板也是这种人，所以她才会讨厌她的老板。

这个女孩家里有七个孩子，而她是家里最小的一个，她从小就有个绰号“汤姆”，这是一个男孩的名字，而她就是希望成为男孩。我好奇的是，她是不是认为只要变成了男孩，就可以掌控他人呢？

其实，她是个长相可人的女孩，她也觉得容貌很重要，因为她认为别人喜欢她就是因为她长得好看，如果毁容了一切就都没有了。爱美之心，人皆有之，她也知道这个道理，而如果她能成为男孩子，她就可以不用担心毁容了而不被人喜欢了。

在她还很小的时候，她经常被一个男孩恐吓，这件事让她受到了严重的影响，她自此特别害怕碰到疯子和强盗，更害怕遭遇这些人的突然袭击。也许你会问，一个渴望拥有男性力量的人怎么会害怕这个呢？其实不难理解，她想成为男孩，就是因为她认为成为男孩以后就能掌控她所在的环境，而那些疯子与强盗依然存在，并且，她想成为男性的愿望也不会实现，所以，她的诉求是："我想成为男人，我要甩掉作为女孩的各种麻烦。"

实际上，她做的梦正是印证了这点，她说她经常梦见一个人待着，而这让她很没有安全感，她是一个被溺爱的孩子，所以一旦独处，她就感到害怕，害怕被人袭击。另外，她还经常梦见自己的心跳停止，而这也是害怕失去控制感的表现， 她更害怕失去任何东西，这又是一个通过梦中的感觉来强化人生态度的案例，其实她并没有失去什么，但梦却给了她这样的感觉。

另外，她做的另外一个梦验证了我的观点，她说自己曾经梦见自己在游泳池里游泳，周围很多人，而她站在一个人的头顶上，而假如有人发现这一点而呼叫出来，她一定会摔下来。

这是一个很形象的画面，这个女孩站在他人的头顶，就是把别人当成踏板，她喜欢这样的感觉，她认为别人都应该保护她，而不应该威胁她。但是在泳池里，她觉得很不安全，她认为如果自己是男人的话，就会充满优越感，但其实，即便她是男人，她也做不到像一个男人一样承受责任和痛苦，所以，她一直笼罩在自我焦虑和失败中。而如果我们想要改变和帮助她，就要让她做到发自内心地认同自己女性的身份，最终以平和的心态与人相处。

案例4：梦境中的危险

我有一位女患者，我从她的经历得知，在13岁那年她的弟弟在一次意外中身亡了。她说自己的童年记忆里有这样一个场景："那时候，弟弟刚学会走路，有一次，她想利用一把椅子往上爬，但结果椅子倒了，压在了弟弟的身上。”她对这件事记得这么清楚，很明显，我们可以猜得到，她总是担心生活中会出现危险。

“我经常做同样一个梦，我梦到自己走在大街上，我没注意前面有个大坑，然后一不小心我就掉进去了，结果我一碰到坑里的水，就醒了，即使知道只是个梦，但还是心有余悸。”其实，这个梦也是她在潜意识里提醒自己：“生活中处处是危险，你一定要时刻小心。”

不过，我分析后发现，这个梦的实际意义还有更多。如果你没有地位的话，你就不会掉下来，而如果你处于即将掉下来的危险中，这就证明你想赶超别人。所以，她的这个梦还有另外一层更深的含义：“我现在有很高的地位了，但我更要注意，不能让自己从高位掉下来。”

案例5：渴望变得强大的女孩

一个女孩告诉我：“我在很小的时候就特别喜欢看人家盖房子。”从她这句话中，我就知道她是个善于合作的女孩，因为很少有女孩被要求去盖房。她接下来继续说：“我站在高高的玻璃房窗前，就好像昨天才发生的事一样。”她的形容词里有“高高的”，所以，她其实想表达的是“窗户很大，而我很小。”也就是说，她对大小很在意，而到现在她还记得那些玻璃窗格，其实是一种自我炫耀。

她还向我叙述了另外一个梦：“当时，我和几个人坐在汽车里。我们开车来到一片树林，然后大家一起下车，他们都比我长得高。”这里，第一，可以验证我的判断——她是个有合作精神的人，第二，她比较在意高矮大小的问题。

接着，她继续说：“我走在他们后面，然后我追上了他们，接下来，我们一起走进了一部电梯，电梯稍后进入了10英尺深的矿井里，我害怕极了。不过，好在最后我们安全地出了电梯。”这段描述中，她表达了自己在梦境中的紧张，更体现了她积极乐观的精神。而一个善于合作的人，通常来说都比较积极乐观。

不过，我还是看出了女孩在阐述梦境时的紧张，她在梦里也有这样的情绪，这样想来，我就知道她为什么偶尔踮起脚尖走路了，而这种紧张，在与别人合作时就会缓解不少。

第七部分

家庭的影响

01　母亲的角色

母子合作关系与孩子后天的合作能力有着至关重要的联系

任何一个孩子，自打他来到这个世界，他与世界建立关系的渠道就是母亲，所以，母亲在孩子心中的地位是不可撼动的，这个角色也至关重要，孩子后期与人的合作能力如何，也取决于母亲与其合作能力，如果母亲和孩子之间没有建立健康和谐的关系，那么，他就很难或者无法与外界或者他人建立联系。

在孩子的性格中，我们无法断定哪一部分是遗传，哪一部分是后天形成，但母亲的影响很大。我们常常说的母亲的能力，指的就是母子之间的合作能力，以及对孩子的一些行为作出指导的能力，这种能力并不是一成不变的，会根据具体情境而产生变化，甚至每天都会产生变化。一位合格的母亲，是无论在任何环境下都会理解孩子的，是应该发自内心地对孩子表达关爱并对他的行为表示感兴趣和理解的，在这样的情况下，合格母亲的能力才得以全面地展现。

其实，一个母亲对孩子是否感兴趣，以及对孩子的兴趣度如何，全体现在细枝末节中，比如给孩子穿衣服、拥抱孩子、给孩子喂饭、给孩子洗澡等，如果母亲很感兴趣，就会表现得很温柔、细腻，让孩子感到快乐；而如果母亲不感兴趣，表现出来的自然就是烦躁和粗暴，这也影响着孩子的合作态度。比如，如果妈妈不喜欢给孩子洗澡，那么，孩子也会厌烦洗澡这件事，而且还总是逃避洗澡；从母亲抱自己的动作是否轻柔中，孩子都能看出来母亲的态度。所以母亲在照顾孩子的过程中，要考虑到孩子是否感到舒适，要为孩子的各方面考虑。母亲能否很好地照顾孩子，是否能赢得孩子的好感和喜欢，也在日后直接影响了孩子与人合作的态度。

认识母亲的角色价值

怎样成为一名合格的母亲，这并没有什么诀窍，任何一位好母亲其实都是因为对孩子倾注了感情和兴趣。

其实，对于母亲这一角色，不少女人在很小的时候就感到好奇了，她们天生具备母性，所以很小她们就学会如何照顾弟弟妹妹，当然，这与演好母亲这一角色是不同的。到了成年以后，男性和女性所要扮演的角色也是不同的，所以教养孩子的方式也有天大的差别。

所以对于女孩来说，如果我们希望她以后成为一名合格的母亲，就要从小让她正确认识母亲的角色，引导她喜欢母亲的身份，将来，她真正成为母亲的时候，才会因为做足准备，而不至于手足无措。

然而，我们看到的更多的是，在我们生活的周围很少有人重视母亲角色的重要性，而我们社会的大环境就是重男轻女，男孩更被父母看重，而女孩被忽视了，她们对母亲的角色毫无感觉，即使到了结婚后，她们对成为一名母亲也没什么兴趣，甚至有的还会对生孩子、抚育孩子有强烈的排斥感。

其实，这一问题已经被很多人发现，但却没有很好地引起重视和得到解决，而母亲的角色对一个孩子、一个家庭乃至对整个社会都会产生重要的影响。所以，任何时候我们都应该重视母亲的角色。比如，在一些家庭里，男孩不愿意做家务，因为在他的认知里，做家务就是女人的事；而女性在这一方面不但没有得到尊重，还被认为是理所当然。

而女性对待家务这件事的本身，态度也是不一样的。一些女性认为做家务很有趣，能为她们带来乐趣，所以，对简单的家务她们也能乐在其中；而也有一些女性，她们认为做家务纯粹是浪费时间，女人应该和男人一样释放潜能、展现自我。而其实，一个人能否展现自我，是从社会责任感中体现出来的，如果没有明确的目标和行动的方向，他们就不可能实现自我价值，所以做不做家务本身只是一种形式，不是决定是否能实现释放潜能的根本。

在一个家庭里，女性是否对自己的角色有正确的认知，会影响到婚姻的状态和家庭的幸福。如果女性不喜欢孩子，也拒绝生孩子和养育孩子，认为养育孩子是卑微之事，那么她就很难和他们建立好的合作关系。而在这样的家庭中成长的孩子，他们的人生从一开始就有了残缺。而那些对母亲角色不认同的女性，她们选择其他的代偿方式来实现自己的价值，比如努力工作，但就是不愿意带孩子和教育孩子。如果很多女性都不喜欢和排斥孩子，那么，我们人类的生活将无法继续，人类文明也会就此停止。

当然，一些女性对孩子的排斥，也不完全是她们的错，有可能是受家庭经济条件制约，她们不得不出去工作，也有些是因为自己本身就没有被母亲抚育过，或者是受到的太多挫折使内心绝望等。

母亲过去的经历其实并不会对孩子产生决定性的影响，而真正产生决定性影响的是她怎么看待这些经历。在一些问题儿童身上，我们就发现他们和母亲之间存在一定的矛盾，而这并不是说正常的孩子身上就不存在问题。对此，我们可以说，这并不是一个方面的因素导致的，孩子的成长过程中会遇到很多事，而这些最终形成了他们的人生态度，我们不能说心理有问题的孩子一定会走错人生路，但我们可以从他们的经历中去探求他们对世界的认知和他们的人生态度。但无论如何，我们可以得出一点，一个母亲，如果不喜欢养育孩子，不认同自己的角色，都会给孩子的成长带来诸多问题。母亲有保护孩子的本能，哪怕自然界的动物也是如此，甚至母爱的力量超过了饥饿感的驱动力。母爱的力量与合作是分不开的，母亲经常把孩子当成自己的一部分，而她们认为为人母的自己才是完整的。

所以，我们说，母爱有着伟大的力量，是个体追求优越感的一种方式，也是实现人生目标的一种形式，也会激发出个体的社会责任感。

重视与其他人的社会关系

一些母亲始终认为，孩子是需要自己照顾的，她们甚至终生认为孩子是自己的一部分，将孩子与自己捆绑在一起。

我认识一位农妇，已经75岁了，她的儿子55岁，母子俩一起生活，后来，两人都生病了，母亲痊愈，儿子却死了。母亲特别难过，也很自责，她哭泣着说："是我没有照顾好他。"真的不可思议，她竟然认为孩子是需要她照顾一辈子的。

作为一名母亲，如果始终把孩子当成襁褓中的婴儿，那么，就会影响他与其他人合作的能力，这无论对孩子还是母亲自身，都会产生很大的负面影响。母亲不可把所有精力放到孩子身上，孩子对母亲亦是如此。毕竟，我们的精力都是有限的，所有的关系，都需要我们用精力去维系，而如果一个母亲只关注孩子而忽略了其他关系，那么会引发下面的两个问题：

第一，溺爱孩子，影响孩子与其他人合作的能力，影响孩子的各种人际关系。

第二，对丈夫不够关心，影响孩子对父亲的态度，进而导致父子关系的疏离。

也就是说，除了母亲和孩子的关系以外，其他任何关系，包括父子、夫妻以及一些社会关系，都会受到影响。而真正疼爱孩子的母亲，不仅让孩子对自己产生信任感，还会教会孩子信任他人，学会与他人合作。

母亲过分关注孩子，孩子的控制欲就会被激发出来，在他们看来，母亲就好像他们的私有财产，不允许其他人分享，哪怕是父亲或者家里的兄弟姐妹都不行。在弗洛伊德看来，这样的孩子有恋母情结，就是我们前面所谈到的俄狄浦斯情结，这样的孩子想要和母亲结婚，甚至还会将父亲从母亲身边赶走，做出弑杀父亲的行为。但其实，我们从很多的案例中研究发现，情况并不是这样，这些男孩依恋母亲，排斥父亲，主要是因为他们从小被母亲宠爱，认为母亲是自己的私有财产，而这种想法，与性没有任何关系。

对于那些真的有恋母情结的男孩，我们发现，这些男孩只跟自己母亲关系亲近，不喜欢与其他任何人相处，所以才把母亲当成自己的恋爱对象，他们认为世界上除了母亲外，再没人对自己这样好了，所以，个体心理学认为，恋母情结是亲子教育失败的结果，与遗传和性没有任何关系。

对于这样的男孩，如果学不会与其他人建立合作关系，那么，他只能一辈子依恋母亲。一旦离开母亲，就会出现焦虑情绪，而为了博得母亲的关注，他会表现出可怜兮兮的样子，或者跟母亲吵架，而这样，对于孩子的未来发展是十分危险的。

母亲的角色不可替代

一些人认为，既然母亲不合格，那么，将孩子交由保姆或送到收容所来培育，行不行呢？这种想法是可笑的。

对于任何一个孩子来说，他们最先想要了解的人永远是母亲，这是不可被替代的。我们研究也发现，那些在收容所成长的孩子，对外界都表现得特别冷淡，其实，给孩子换一个环境，不如改变母亲自身。

在对那些收容所的孩子进行研究的时候，我们发现，这些孩子的生活状态并不理想，而将孩子交由养母或者有责任的保姆来培育的话则是好多了。这些孩子本来就是被遗弃，或者是孤儿或私生子，要想改变他们的心理状态，必须找到有责任心的人来养育。

我们可以发现，在一些重组家庭里，孩子不愿意接纳继母，哪怕继母做得再好，她还是走不进孩子的心。这是因为孩子最依赖的人是母亲，而母亲走后，这种依赖被转嫁到了父亲身上，而继母的出现，无疑对他们是一种威胁，他们认为继母抢走了父亲的爱，所以他们会产生嫉恨的心理，认为继母是自己的敌人。这一点，很多继母没有认识到，面对孩子的抗拒，一开始她们很热心，但久而久之，她们的耐心磨灭完了，虽然最后她们征服了孩子，孩子好像也听话，但这只是表面现象，孩子还是没有接纳继母。所以，对于继母而言，如果孩子就是不愿意信任你，而非要强求他，那么，最后你什么也得不到，相反，假如你能认识到这一点，那么，会减少很多家庭矛盾。

02　父亲的角色

对婚姻关系建立正确的认知

前面，我们说，母亲在孩子心中的地位不可被取代，孩子总是先一步和母亲建立亲密关系，但这并不意味着父亲在家庭中不重要，实际上，父亲角色的重要性一点也不逊色于母亲。

在不和谐的家庭中成长对孩子来说影响非常大，如果父母都认为孩子只是自己的一部分，那么，势必会伤害到孩子。从母亲的角度看，母亲希望孩子属于自己，而不愿意让孩子拓展自己的合作范围，比如和父亲合作、和其他人合作；从父亲的角度看，父亲为了与孩子建立更亲密的关系而讨好孩子。其实，这样的关系是很容易被孩子察觉到，他会感觉到自己是父母之间谋取好处的砝码。试问，这样的家庭关系，怎么能培养出有很好的合作态度和合作能力的孩子呢？

父母的婚姻幸不幸福，孩子是能很清楚地察觉到的。如果父母婚姻不幸福，孩子以后的婚姻也很容易出现问题，比如不信任伴侣，不能用正确的教育理念来养育孩子，甚至不愿跟异性接触，认为自己不应该结婚等。

其实，正确的婚姻观是两个人因为爱走在一起，然后相互付出、扶持和努力，让彼此开心，一起抚育孩子。所以，夫妻双方不应该有一方的地位过于突出，否则就会失去和谐。比如，如果一个家庭里面父亲是个暴君，喜欢控制妻子和孩子，那么，孩子的婚姻观就会受到影响。如果是个男孩，他很有可能和自己的父亲一样，以后也会这样对待自己的妻子和孩子；而如果是女儿，长期处于这种被奴役的家庭，孩子的性取向很可能受到影响，成为同性恋。

相反，假如母亲的家庭地位过于突出，母亲总是在挑剔其他人的行为，那么，女儿会有样学样，成为与母亲一样尖酸刻薄的人；而男孩则会刻意讨好母亲，如果家里的姑姑、姐姐等女性总是挑剔自己，那么，男孩就会形成胆小怯懦的性格，一到公共场合就喜欢躲在角落，甚至不敢接触异性，时间一长，就会形成逃避型行为习惯，在遇到困难时也总是纠结是不是应该逃避。无疑，这样的孩子不会积极乐观，也很难树立正确的与人合作的态度，训练出较好的合作能力。

父亲的三种身份与责任

一位父亲要承担的三个角色是：丈夫、父亲和社会的公民。对于爱情、婚姻和事业，他应该有好的调控能力，在婚姻里，他应该平等对待自己的妻子，与其和谐、友好地相处，他应该理解妻子的角色，而不该认为自己是家里赚钱的人，所以可以对妻子颐指气使。要知道，男主外、女主内，只是长期的文化导致的现象，只是分工不同，并没有高低贵贱之分。实际上，在一个家庭里，谁有能力谁赚钱，这不该成为影响家庭和谐的因素。

另外，父亲对于孩子的影响不可忽视。父亲与孩子的关系如何，会直接影响孩子的人生态度，父亲可以是孩子的榜样，也可以成为孩子的敌人。任何错误的教育方式，都来自父母不友好的教育方式，比如体罚。相信在不少家庭有体罚的现象，体罚对孩子的负面影响是巨大的，而体罚孩子的一般是父亲，尤其是当母亲的说教没有起到作用时，母亲经常会丢给孩子一句话："等你爸回来收拾你。"这样孩子就会认为，父亲是家里最权威的人。

父亲经常体罚孩子，也会伤害到父子之间的关系，孩子会畏惧而不想靠近父亲。母亲让父亲充当惩罚孩子的角色，本来担心的就是孩子的疏离，所以这样做是不明智的，表面上，母亲是借助了父亲的力量，但孩子是敏感的，他们只会讨厌这一点，孩子也会对一名男性应该承担的社会角色形成错误的认知。

反过来，假如一名男性能处理好以上我们说的三个问题，能演好三个角色，那么，无论是对家庭，还是对社会，都是有益的。在家庭中，他会成为家庭的中心支柱，是孩子和妻子的依靠，而在社会上，他会工作顺利、人际关系良好，得到他人的认同和支持，能接受新事物、建议等，这样的父亲无疑是孩子与人合作的最佳榜样。

多半家庭的模式是男主外，女主内，但如果夫妻俩个人活动的圈子交集太小，和谐的关系就会被破坏。所以，我认为，两人经常粘在一起，有完全一样的社交圈子并不好。其实，丈夫可以将自己的妻子介绍给自己的朋友、同事认识，如果他不喜欢妻子介入自己的社交圈子中，那么，夫妻关系很容易出现裂痕。

也就是说，男人最好别把家庭当成家人活动的中心，而是应该让自己和家人多接触社会，同时也要让孩子知道，家庭只是社会的一个小单元，在家庭之外，还有广阔的天地。

原生家庭与新生家庭

在原生家庭中，如果一个男人和自己的兄弟姐妹、父母相处融洽，说明他是个善于合作的人，但是男人终究要成立自己的小家庭，要远离原生家庭而进入新生家庭。当然，这并不意味着他要与原生家庭断绝关系，只是他要认识到自己应该独立了。假如两个被父母过分宠爱的人结婚了，结婚后他们还会以父母为中心，无法把自己辛辛苦苦建立的家当成“真真正正的家”，夫妻关系自然会受到影响。

一些父母，即使他们看到儿子已经结婚了，但还是会关注儿子的婚后生活，甚至小夫妻之间的事都要管，这样年轻妻子会觉得自己不被尊重，让自己很不舒服，这样的情况我们在那些被父母反对却走在一起的年轻夫妻身上发现得很多。父母反对儿子的婚事，大可以婚前反对，但是既然结婚了，就应该让儿子幸福，而儿子应该要明白，既然建立了小家庭，自己就是这个家庭的男主人，父母反对说明他们与自己的想法不同，而自己最应该做的就是向父母证明自己是对的。其实，在小家庭里，夫妻未必一切都要听从父母的，我们所说的尊重长辈，并不是什么都听父母的意见，如果夫妻双方能独立地解决婚姻中的问题，问题就会简单得多。

每个人都希望自己的父亲能扛起家庭的责任，在这一问题上，妻子与孩子能给男人一定的帮助，但是最重要的还是男人自身。实际上，男人承担了更突出的经济责任，所以男人必须出去闯荡，去赚钱，进而为整个家庭赢得更好的社会地位。父亲的工作态度对孩子的性格也会产生影响。比如，父亲认真积极地工作，孩子就会积极、勇敢、坚强，所以，男人应该学会勇敢面对问题，并且训练出属于自己的处理问题的方法，而不是光说不做，这样的男人只会让孩子感到失望。

爱情与婚姻

我们每个人都想获得幸福美满的婚姻，那么，怎么才能获得呢?

我们首先从丈夫的角度来说，丈夫首先要做的就是关心和爱护自己的妻子，把妻子的幸福当成自己努力和奋斗的目标，主动表达对妻子的爱，妻子幸福了，整个家才有可能幸福。

事实上，无论男女，只有把对方的幸福放在第一位，才是真正意义上的合作，才能给对方的爱大过自己的爱，这才是真正的爱情。

另外，夫妻之间表达爱，不能过分。因为夫妻之间的爱，与亲子之间的爱是不同的，夫妻之间太过亲密，孩子就会产生一种感觉：父母太相爱了，他们不会关注我。所以，他很有可能在父母之间制造事端，以吸引他们的注意力。

对于孩子的性教育问题，我们也要引起重视。通常来说，在家里，男孩子提出这样的问题是由父亲解答，而女孩子的则由母亲解释。但我们要注意，无论孩子提出什么问题，我们只要回答其该年龄段应该知道和了解的部分就好，不可说得太多，让孩子产生过多的好奇心。一些父母，随便地告诉孩子性知识，但是又不给出清晰的解释，这样对孩子是没好处的，最好的教育方法就是告诉孩子他们想要了解并且他们可以接受的部分，从他们的角度考虑他们应该知道些什么。其实，我们只要让孩子明白我们的真诚，让他们感受到我们想帮助他们解决问题的态度，孩子就愿意与我们合作，进而避免出现很大的错误。

任何一个家庭，都不可避免地要谈到经济的问题，对于那些不参加工作的家庭主妇而言，她们对这一问题更敏感，如果她们被人指责不够节约的话，将会认为受到了很大的伤害。不过经济问题始终是夫妻双方要面对的问题，如果二人能够有一致的消费理念，就能避免因经济而产生的矛盾。

作为父亲，要认识到，不是赚到了足够的钱就能家庭和谐，就能够让孩子健康快乐地长大。我曾经看过一本书，作者是个美国人，在这本书里，有这样一个故事：

有一个成功人士，他从贫苦时期一直努力，终于成为一名富翁。他受够了贫穷的滋味，所以他希望自己的后代永远富足，为此，他找来了自己的律师，问律师如何解决这个问题，律师问他想要保障的是几代人，他的回答是

“十代”。律师告诉他：“没问题，不过我要先声明，任何一个十代子孙，大概都会衍生出500个人，这500个人都跟你存在血缘关系，当这些人都找上你的时候，你还打算认他们吗？”

这个例子听起来很可笑，也很极端，但我们却能发现一点，我们任何人不可能脱离社会而存在，不管你为后来子孙考虑得有多么长远，都是为社会服务的一个表现而已。

03　偏爱与平等对待

每个孩子都渴望被关注

孩子们都希望父母关心他们、关注他们。假如，一个被妈妈溺爱的孩子说他怕黑、怕一个人待着，其实他害怕的是与母亲的分离。

有一个被母亲娇惯的孩子，一到黑的地方就会哭闹，这天晚上他又哭了，母亲听到哭声过来，说：“我在呢，你是不是怕黑啊？”其实这个孩子就是用怕黑来抗拒和母亲的分开。他抗拒的方式还有很多，比如不睡觉、叫喊等。

无论是心理学家还是教育学家，都对孩子的恐惧心理进行过研究，不过个体心理学研究的侧重点不同：个体心理学更侧重于研究其目的，而不是原因。事实上，几乎所有被溺爱的孩子都有恐惧心理，而恐惧只不过是他们为了博得他人关注的工具而已，并且会影响他们以后的人生态度。胆小、总是希望被人呵护和宠爱，是他们典型的性格特征。

那些被溺爱的孩子，总是做噩梦，对于这种情况，我们在解析梦时提及过，其实人的性格在睡眠和清醒时并不是对应的，而是两个方面而已。对于孩子的这种做梦和惊醒的现象，当他认为某种情况对自己有利时，他就会调动身心做出这样的举动。即便是他睡着了，这样的想法也会充斥在他的大脑中。那些被溺爱的孩子在运用了几次这种方法奏效后，就认为这种方法能得到母亲的关注。一些孩子甚至在长大后，也会用这样的手段。

除了这种方法外，还有一些孩子会运用烦躁不安的方法来达成自己的目的。比如临睡前，他会表现得焦躁不安，要么踢被褥，要么说自己想喝水等，也有些孩子说必须要父母陪同才能睡，说自己害怕掉下床等。

不过我也发现了一例特别的情况，他也是个被溺爱的孩子，但是他却没有以上我们说的这些表现，相反，他表现得很乖，不哭不闹，也不半夜吵着要喝水，但是白天他就会出现问题。经过了解，最后我找到了原因。

“他晚上在哪儿睡觉？”我问他的妈妈。

“和我一起睡。”

被溺爱的孩子会有个在我们看来“变态”的心理：他们希望自己生病，因为一旦生病，父母就会比平时更疼爱自己，而病痊愈后，父母就不会对自己好了。这就是渴望被关注的心理。还有，他们在发现家里的兄弟姐妹因生病而被父母关注后，他也会希望自己生病。

有个女孩住院4年，护士和医生对她都很好，出院后的一段时间，家人也很关心她，但是一段时间后，这种关心比以前淡了些，而一旦她发现事情不如意后，就会说：“我曾经住过院。”她这句话是在提醒大家，她曾经是个病人，她应该受到关心。

其实，这样的表现在成年人身上也有，比如，他们总是提醒别人自己生过病、做过手术等，还有一些孩子，他们原本是麻烦精，但在生了一场病后，却变得乖巧了。由此，我们可以发现，身体上的缺陷会让孩子的身体感到不适，但这并不是造成心理缺陷的根源，所以我们可以说，身体康复和性格的改变之间，也许有一定的关系。

我还遇到一个男孩，他过去的表现让父母头疼不已，他打架、偷窃、撒谎、固执，老师认为他应该被送去劳教所。但是后来他生了一场大病，腿上打了石膏，那段时间，他不能动，躺在病床上，半年后，他好像脱胎换骨，完全变了一个人，他的父母也感到奇怪，为什么他会有这样的变化。其实这个问题不难：他是家里的次子，他还有个哥哥，在这件事以前，他认为父母偏爱哥哥，而生病后，他看到了父母对自己无微不至的关心，他才发现自己曾经错得离谱。

孩子之间的合作问题

在家庭里，孩子之间的合作问题是一个值得我们关注的问题，我们要让孩子明白，他与其他孩子之间是平等的，他们才愿意主动参与到社会中，同时，无论是男孩还是女孩，我们只有让他认识到彼此之间性别是平等的，才不会在这一问题上出现偏差。

可能有一些人会问，为什么在同样的家庭环境、同样的教育背景下，教育出的却是完全不同的孩子呢？对此，有的人说，这是基因问题导致的差异，我认为这种观点简直太可笑了。

对于这一问题，我们不妨运用森林中的小树苗来比喻：在同一片树林里的每棵树又处在不同的小环境中，有的树能吸收到更多的营养，长得很快，而其他的树的资源就被占用了，比如水分、阳光、营养物质等，这样，其他的树吸收的营养物质就少了很多，自然就会矮小很多。在同样的家庭里，有的孩子成才但有的没有，也是这个道理。

父母不要偏袒任何一个孩子

在任何家庭里，都必须重视孩子之间的合作，教育孩子也是如此。但有一点，父母不可偏袒任何一个孩子。过分宠溺其中一个孩子，就会导致另外一个感到自卑。比如，在重男轻女的家庭里的女孩就会胆小自卑，这不但影响她的成长，觉得父母不够爱自己，甚至还有可能走错路。

也许一些人会说我危言耸听，但事实就是如此，我在很多案例中都发现了这一问题。诚然，那些各方面优秀的孩子，赢得父母的爱确实多一点，但我们有必要让另外的孩子明白，你对他的爱并不会少。当然，一味地说是没有用的，要在细节中让孩子感受出来，孩子虽然小，但是他的观察力和感知能力一点也不弱，你是如何做的，他都看在眼里。

04　子女之间的排行

对于一个家庭里的子女之间的排行问题，我们已经有了很大的突破。为了更方便分析这一问题，我们先假定一个前提，那就是在所研究的家庭中，父母关系和谐，他们也重视孩子的教育问题。但我们知道，即便是这样，每个孩子在家庭中的地位也是不同的，他们的成长环境存在差异，处于同一个家庭不代表拥有同样的成长环境，也就导致了不同的人生态度的形成。

长子

家里的长子都曾当过家里的焦点，大家把所有的爱都倾注在他们身上，而当弟弟或者妹妹到来，他们的地位就受到了影响和威胁，他们会产生很强的失落感，认为父母长辈不再那么爱自己。之前我们也提及过，不少酗酒者、问题儿童、神经性患者和一些有怪癖的人，很多时候他们身上的问题都是在这个时候产生的，巨大的失落感冲击着他们的心灵。

当然，这样的感觉其他孩子也有，但是当他们出生后，他们就必须面临与其他的孩子合作，所以长子身上的失落感会更明显。但如果我们能站在孩子的角度考虑，就能理解他们了。

在长子的健康问题上父母应该引起重视，尽管我们依然爱这个大孩子，但是更要让他们明白，他们的地位并不会因为弟弟妹妹的到来而改变，而且在第二个孩子出生前，就要让他们做好准备迎接弟弟妹妹的到来，并教导他们如何对待小宝宝，这样孩子就能感受到来自父母的尊重。不过可惜的是，很多家庭中的父母并没有认识到这一问题。所以，不少大孩子都觉得，好像一夜之间父母不爱自己了，把所有的爱转嫁到了新出生的弟弟妹妹身上，而他们对妈妈似乎比以前更粘了，甚至经常拉扯妈妈的衣服，或者做出一些在我们看来很不懂事的行为。

一般来说，长子的力气也不小，在与弟弟妹妹和母亲拉扯的过程中，他们还会反抗母亲，让母亲操碎了心，结果母亲认为他们淘气，不得不用更多的时间去教育，他们得到的还是父母的批评，于是这更加重他们父母不爱自己的想法。为了夺取母亲的爱，他们总是变着法儿制造麻烦。其实，对于孩子的反抗，不应该回击，不然的话，孩子的脾气会越来越大，最后难以管教。而此时，我们发现一个有趣的现象，他们认为失去了母亲的爱时，会把这种感觉转嫁到父亲身上，所以我们可以发现，在不少家庭里，长子更喜欢父亲，大概就是这个原因。

所以，我们可以说，如果一个孩子喜欢父亲，那么，很有可能他认为母亲对自己不好，这将成为他们一生的心结，并且会出现反抗情绪，这种情绪一旦生成，就很难消失，会表现出对其他人、其他事都不感兴趣。他们在反抗过后，会表现出失望，觉得得不到他人的真心，所以会变得内向、性格暴躁、拒绝合作，甚至完全将自己封闭起来。

鉴于此，我们也发现，家里的长子总喜欢回忆过去，对过去更感兴趣，而不喜欢憧憬未来，因为以前他们被众星捧月，而此时愉悦感丧失，他们感到很失落，产生焦虑。这些孩子在长大后，往往更注重纪律、规矩，而其实这也与他们过往的经历有关，他们已经确立了自己的优越地位，就会担心别人超过自己，害怕自己的位置被取代，所以他们才强调秩序和纪律。

不过这种情况也不是绝对的，在某些时候，长子的心智也会朝着积极向上的方向发展，比如，他们在弟弟妹妹出生前，就知道要帮助父母照顾未来的家庭新成员，他们会把自己当成弟弟妹妹的监护人，认为自己有义务这样做，而在他们成年后，他们也会是很好的合作者，有很强的合作能力，而且能理解父母的工作，协助他们完成家庭责任。他们也有很强的组织能力，助人为乐，愿意让他人依赖自己。

经过调查研究，我发现，在一个家庭里，容易产生问题的儿童一般是老大和老三，所以，我们父母有必要引起重视，尤其是长子和老三的教育问题。

次子

次子在家庭中的处境与其他孩子不同，他们自打出生，就必须要与人分享父母的爱，上面就有一个长子，他们更会努力赶超。

其实，有很多表现能帮助我们看清一个人是否是家里的次子。比如，他喜欢比赛，喜欢赶超他人，在很小的时候，他们就总是告诫自己要努力。这种情况，《圣经》中也有，比如雅各的故事，就是为我们展现了一个次子的成长心理。雅各很想做第一，取代老大的位置，所以不断攻击。

在现实生活中，在一个家庭中，如果有多个孩子，那么，老二一般更有出息，更容易成功。他们之所以更容易成功，是因为他们一直在努力超越他人，就算成年后，如果他们离开家，他们也会寻找一个优秀的目标。

另外，长子和次子的梦境，也有很大的区别，长子一般会梦见自己站在高处，随时都有可能摔落的危险，而次子则梦见自己在与人赛跑，或者与人比赛，或者在追赶火车，这说明他们渴望超越他人，所以，我们从一个人的梦境中，也大致能判断出他在家里的长幼次序。

这里，我们需要说的是，孩子在家庭中的排序并不是决定一个人发展的主要因素，主要因素取决于他所处的环境。毕竟，出生次序并不是一成不变的，我们经常会看到，一个出生较晚的孩子，与家里的长子的处境很像。再比如，两个孩子出生的间隔很短，而第三个孩子较晚出生，又经过一段时间，家里又出现了两个孩子，而此时，我们发现，家里的老三在很多方面和长子很像。

所以，我们说的次子并不只是出生顺序上的，关键在于性格差别，比如，一些家庭里孩子很多了，但是又出现一个“次子”，比如，家里两个孩子的年纪差不多，那么，这两个孩子身上的特质可能很像。

有时候，家里的长子会通过斗争的方式来保全自己的地位，而家里的次子就成了他打击的第一个对象，如果长子是男孩，第二个孩子是女孩，那么，长子在心理上受到的冲击会更大，因为一般男孩不允许自己被女孩打败。同一家庭中，两个男孩或者两个女孩之间的竞争，往往比一男一女的竞争更激烈。

而此时，女孩更占优势，要知道，根据女孩的生理发展特点，女孩在16岁以前的身心发展是很快的，她们在很多方面表现得比男孩优秀，而此时，作为长子的男孩会放弃斗争，表现出失落的情绪，此时，女孩就赢了。

但作为父母，我们要知道，家庭成员之间的地位是平等的，要互助合作而不是竞争，也不应该让孩子花费时间和精力彼此对抗，这样，无论是孩子还是整个家庭才能持续健康地发展。

最小的孩子

在家庭里，最小的孩子是最受宠的，他们的地位无人取代，但他们一开始也就面临着受宠孩子的一切问题，从一开始就有了很多竞争者，承受的刺激也是最大的，但这不阻碍他们成为孩子中最好的，这不是某个家庭的个案，而是很多家庭乃至整个人类历史的总结。

我们从《圣经》中的故事说起。

约瑟夫在他17岁以前，都是家里最小的孩子。17岁那年，班杰明出生了，然而，即使有了这个孩子，他的自我优越感还是没有受到动摇，因为他已经17岁了，他的生活方式和人生态度已经形成了，并不会因为班杰明的出生而改变。即使是做梦，他也经常梦到自己是人群中的焦点。约瑟夫的那些哥哥们，有点看不惯他的行为方式，于是，打算团结起来孤立他，但实际上呢，并没有起到任何作用，约瑟夫依然是家里的焦点，担任了顶梁柱的角色。

最小的孩子成为家里的焦点，这并不是偶然，其实我们很早就发现了这一点。因为他们从一出生开始，便被家里的哥哥姐姐或者父母帮助，而且，因为年纪最小的关系，他们很少被人攻击，而是被保护和激励的。

不过，我们还是要承认，在那些问题儿童中，还是长子和最小的孩子占据了很大的比例，之所以这样，还是因为他们被家庭成员过分宠爱，他们一边对未来雄心勃勃，一边又缺乏勇气、极为懒惰。其实，懒就是野心和懒惰的综合产物，因为一个人野心太大，往往也会觉得目标遥不可及。其实很多家庭里最小的孩子都承认自己的野心，他们一边期望自己成为人人羡慕的佼佼者，一边因为实现不了自己的目标而感到颓废沮丧，与此同时，他们的自卑感也油然而生，这一点，与他们的生活环境有着极大的关联。另外，他们的哥哥姐姐也比他们身体更强壮，生活经验也更多，所以他们的选择有限，要么他们会选择超越，要么陷入自怨自艾的自卑中。

独生子女

相对于多子女的家庭，独生子女的问题比较特殊，他们没有兄弟姐妹，但这不代表他们没有对手，一般来说，孩子更依恋母亲，而父亲就成了他们的对手，所以独生子女更容易产生“恋母情结”。在不少这样的家庭里，我们会看到，孩子会拉着母亲的围裙或衣服，想赶父亲出家门。也有些家庭，孩子跟父亲关系更亲密，所以他们对母亲就会产生抗拒心理，而在这样的家庭，最好夫妻共同努力，让孩子感受到爱。

不过，更多时候，母亲和孩子的关系比父亲与孩子之间的关系更亲密，这一方面在于独生子女的处境和长子的处境相似，都希望和母亲在一起，被母亲照顾和疼爱。同时，他们害怕家里多个弟弟妹妹，这样，他们家庭中心的地位会受到威胁，一旦父母向他们提及此事，他们就会愤怒，他们也会为此而感到焦虑和惶恐。

如果父母因为身体的关系无法再生育，那么，一定要留意独生子女的教育问题。有些家庭原本想要更多孩子，但却因为经济问题无法养育，在这样的家庭里，父母总是悲观的，焦虑的，他们认为自己经济能力有限，而这样的情绪也会对孩子产生很大的影响。

在一些家庭里，两个孩子之间的年纪相差很大，而这样的孩子，其实与独生子女特别类似，其实这样的特征并不好。那么，到底孩子之间的年龄差多大最好呢？我认为是3岁，这是科学分析所得。3岁的孩子，已经有了一定的合作能力，在弟弟妹妹出生后，也愿意帮助父母照顾弟弟妹妹，父母也能与他们沟通，以接受和欢迎家庭新成员的到来。

还有一些孩子，尤其是男孩，他们在全是女性的家庭里长大，其实这样的环境对孩子的成长也并不是很好。假如父亲还有其他男性家庭成员常年在外，而他基本都是和母亲、姐姐妹妹或者保姆居住和生活，他就很有可能会变得性格孤僻，而假如其他女性与之不怎么亲密，他有可能变得离群索居。如果他的排行在中间，那情况就更糟糕了，简直可以用腹背受敌来形容，如果他是长子，就会被女孩攻击，而女孩的优势前面我们也提及过，他肯定是失败的那一方。而如果他是最小的儿子，那么，他很有可能被宠坏。总的来说，独生子在全是女性家庭成员的环境下成长，对他来说多半不是好事，但凡事没有绝对，如果他的家庭成员都积极向上，也愿意跟他友好合作，那么，就没有这么多的苦恼了，否则，他很容易出现女性行为倾向，毕竟，在全是女性的家庭环境下，他很难不被影响。

我们从家居品位来说，男女品位本身不同，甚至有着天壤之别，但除此之外，还有性别的差异，女性居住的环境通常都以干净整洁、清新淡雅为主，但如果有男性在，就不是这样了，所以，很多身处于被女性成员包围的家中的独生子，在这些方面，也体现出了女性的品位。当然，也不全是这样的情况，有些独生子就是喜欢与女性对抗，他们时刻警惕自己被女家庭成员影响，他们努力维持自己的个性，这种情况下，他们要么被“同化”，变得非常女性化，要么非常具有男子气，在其一生中，都有不安和无助感，关于这一点，我在研究中也发现了很多的案例。

我们在对成人进行研究时发现，人的早期记忆对人的影响是长远甚至是延续一生的，而一个人在家庭中的排行次序也是如此。另外，他所遇到的每一个困难都与其态度和合作能力有着不可分割的关系。

其实，我们生活的整个社会，何尝不是如此呢？人际关系中，很多人都在努力成为一个征服者，希望超越他人，而这些与我们的早期记忆都有关系，尤其是在原生家庭中受到了不公平的对待和遭遇。所以，作为父母，我们必须要认识到培养孩子的合作意识和合作能力的重要性，只有这样，才能尽量避免早期记忆的负面影响。

第八部分

学校的影响

01　教育的变革

我们认为，弥补家庭教育的不足，是学校存在的意义。假如父母本来就能独揽孩子的教育问题，而且能引导孩子树立正确的人生态度和培养良好的合作意识及能力，让孩子独自解决生活中遇到的各种难题，那么学校的存在就没什么意义了。

远古时代，我们的家庭就承载了教育孩子的所有责任和义务，父辈做什么工作，孩子以后就做什么工作，然而，随着社会的发展，我们的孩子不仅要学习技能，还要学习很多父母不会的知识和能力，这样既能延续父母传授的技术，还能掌握更多的适应未来社会发展的知识。

欧洲的学校比美国的要全面，他们的学校学习贯穿着一个人的一生，不过，他们在传统教育上还有不足的部分。很早的时候，欧洲人中只有贵族有资格和权利参加学校教育，而一般的平民，只能安分守己地从事祖辈流传下来的活计。不过，后来随着社会的发展，教育限制没那么严格了，教育机构中有了宗教的参与，有一些人也有了学习的机会。

随着时代的发展，无论是从形式还是范围上看，普及教育都势在必行。在过去，教师由裁缝或皮匠这些人来担任，他们缺乏一定的教育经验，经常体罚学生。在那个时候，要学习艺术，只能去大学或者宗教场所，而其他的学校只能传授一些技能方面的知识，所以哪怕是皇帝也没有多少知识。

后来，随着工业革命的兴起，社会局势发生了改变，人们才认识到知识的重要性，才开始逐步学习写字、计算、画图等，也这也是现代化公众学校的雏形。

不过，这些学校的建立是为了服从统治者的意志，培养的人才也是为了战争。曾经，在奥地利，为了培养为政府服务的人，奥地利政府就对底层民众进行教育，久而久之，这种教育模式就凸显出了弊端。工人阶级不断壮大，自由思想萌芽且发展，人们开始苏醒，为了时代的发展，学校也不得不适应潮流，进而进行改进，最终有了现代的教育模式。

现代教育的理念是教会孩子学会独立与换位思考，让他们学习科学文化知识，并为人类社会的发展做贡献，让孩子在平等、尊重、和平的环境下共同创造人类的文明。

02　教师

致力于提倡教育改革的人，都是能认识到合作对于孩子的重要性的人。比如，对孩子进行性格教育，如果我们能认识到这一点，自然就能明白了。不过，我们并不清楚性格教育的最终目的和方法，这就要求我们不仅要培养孩子的生存技能，更要培养他们为社会做贡献的意识，另外，一切思想只有付诸行动才是最重要的。

性格培养的重要性

对于如何培养和训练孩子的性格，迄今为止我们也没有找到系统的、专业的方法，所以我们也并不知晓如何去做，即便是系统的学校教育在性格培

养方面的能力也有限。而自从父母把孩子送到学校，孩子在性格上的缺陷已经形成，即便是入学后，也还是会出现这样那样的问题，所以致力于培养教师队伍的素质显得尤为重要，只有高素质的教师才能为孩子营造良好的成长氛围，帮助孩子健康快乐地学习。

我们做过很多调查，调查发现，在这一方面维也纳的学校做得比较好，尽管在其他很多地方的学校，甚至有专业的心理医生为孩子进行了指导，可是老师并不愿意接纳他们的观点，所以最后的成效甚微。

心理医生在为孩子作辅导时，会经常和孩子见面，甚至是每天都见，但即使如此心理医生也不可能对孩子每天的学习和生活了如指掌。心理医生告诫老师要对孩子进行甲状腺治疗，或者为他们增加营养，但一些老师不以为意，或者根本认识不到这些问题。其实，对孩子的个性、性格了解最多的还是老师，只有老师才能真正帮助到这些孩子，就算是孩子有什么问题，老师在处理时也更有把握。而在这一方面，维也纳的学校就做得很好，他们在学校还设立了咨询中心。

孩子从家庭到学校，面临的是完全不同的环境，对他们来说这是全新的考验，以前的家庭是一个小集体，而现在面临的是一个很大的需要合作的集体，如果他们在家里很受宠的话，那么，这个新环境对他们来说就更加难以接纳了，他们会表现出十分排斥、不愿意入学等状况。

这样的孩子，对学习和集体都没什么兴趣，不听别人说话，以自我为中心。事实上，我们也经常听到一些父母称，他们的孩子在家里很听话，但是一到学校就捣乱。面对这样的情况，我们认为可能是这个孩子一直比较受宠，进入学校后，他们失去了受宠的环境，还需要独自面对很多事，自然也就难以适应了。

有个孩子，他的老师告诉我，他入学第一天什么都不做，也不学习，而老师无论说什么，他都要嘲弄一番，老师甚至怀疑这个孩子存在智力缺陷。我在见到这个孩子后，问他："你为什么要在学校里笑呢？"他说："我的爸爸妈妈把我送进学校来，不也是为了让我被别人取笑吗?"我吃了一惊，经过了解才知道，原来这个孩子平时在家里就被父母戏弄，以至于这个孩子认为学校的人也会戏弄他。其实，这名孩子很看重自尊，所以，为了避免被人嘲笑，他就先嘲笑别人。不过庆幸的是，在我的引导下，他慢慢开始爱上学习了。

师生关系

教师的工作职责并不是教授孩子知识就可以，更重要的是发现孩子以及家长身上的问题，并努力协助他们改正。我们发现孩子处于家庭环境时的合作意识很好，但是一到学校这个新环境，他们就拒绝合作了；而有的孩子在入学前没有做好充分的思想准备，这会让他们感到畏惧，这些孩子的反应和工作比较迟缓，但这并不是智力问题，而是因为他们确实不知道怎样去适应新环境，更不懂得与同学、教师相处，此时，就需要教师的协助了。

那么，作为教师，该怎样引导孩子呢？

最重要的是，教师应该把自己当成学生的朋友，引导孩子和自己亲密相处，让孩子信任自己，教师对孩子表现出的兴趣越大，孩子得到正确引导的可能性越高。还有一点，我们非常不提倡惩罚孩子，因为一旦他们在学校受到惩罚，他们就会认为自己先前的想法是正确的："我说吧，学校果然是个讨厌而且恐怖的地方。"而且，在学校被老师惩罚后，他们就不愿意看见老师，在他们年幼的思想里，就开始埋下逃避学习和学校的种子。

激发孩子的学习兴趣

教师要想做到这点，首先就要了解孩子真正感兴趣的是什么，并且鼓励他，无论他喜欢什么，只要他认真去做就一定会有出色的表现。当一个孩子在一件事上很自信，而且有了出色的表现，在其他事情上也很容易有同样的自信。所以，我们要知道他最初的兴趣以及他的优势所在，比如有的孩子善于观察，有的善于动手，有的喜欢唱歌，有的喜欢推理等，因为这些东西都需要观察，倘若他们没有观察的机会，了解起来就会很慢，更别说认真学习和听课了， 而对于这样的表现，一些教师就认为孩子天资愚钝或者学习能力差，其实这是武断的评判。

对于这一问题，教师和家长都要引起重视，一开始，我们并不知道孩子的兴趣，自然也就无法正确地引导孩子。不过，此处我并不是说孩子的早期教育中一定要进行一些特殊的训练，而是要根据他们的兴趣，以此激发他们的学习兴趣。

不过，现在有很多学校已经认识到这了这一点，所以开始尝试刺激孩子的多种感官进行授课，比如绘画与模型结合的方法我认为这是一种非常有创意且有效的授课方式，应当是被我们提倡的。

可能一些人会产生疑问，到底是让孩子记住真理和事实更重要，还是训练他们的独立思考能力更重要呢？其实，这二者并不冲突，应该是相辅相成的。举个简单的例子，我们在教孩子学习数学的时候，可以跟盖房子结合起来，让他们计算需要多少建筑材料等。

另外，我们还提倡在教学过程中，将几个学科综合起来学习，并将其运用到日常的生活实践中。比如，有的老师在与孩子出去郊游时，会让他们认识路上看到的各种植物，分析其形状、结构等，并引导他们观察植物生长的地理环境，甚至会谈到农业用途等，这样，孩子对事物的兴趣就会被激发出来。这是一个复杂的过程，需要教师倾注很多心血，尤其是对孩子的爱心，如果没有爱心，教育大计无从谈起。

03　课堂上的竞争和合作

我们发现，一些孩子在入学前，为竞争做的准备，远远超过了合作，即便是我们的家长也是这样的思想，他们认为，孩子最重要的是学习成绩的提高，就是要赶超其他学生，就是要考第一名，而他们没有想到的是，即便是那些学习上的佼佼者，也未必比那些成绩差的孩子更开心，这是因为他们的内心是自私的，提高成绩是他们唯一的目的。

其实，我们的学校和家庭一样，人与人之间的关系应该是平等的合作的关系，而非竞争，无论是家长还是教师，只有让孩子认识到这一点，孩子才能学习相互合作和帮助。

我所接触的孩子中，不少的问题儿童都是在经过了老师的引导和与同学进行合作后，才改变了他们过去的人生态度。

我记得有个孩子，他在家里被冷落了，在他看来，家人对他是冷漠的，学校的同学和老师肯定也是如此。他学习成绩不好，所以一回家就被父母训斥，在学校已经受了老师的批评了，回家后还要挨骂。他开始变得绝望，开始喜欢在学校捣乱，这样，他的学习成绩也越来越差。后来，他的班上来了一位新的老师，这位老师和他以往遇到的老师都不同，这位老师给了他很大的理解和认同，并鼓励其他同学主动与他合作，给他温暖，久而久之，这个孩子冰冷的心慢慢融化了，学习成绩也逐渐好了起来，捣乱、调皮的行为也逐步减少了。

其实，我一直认为，相对于成人而言，孩子更能理解同龄人的情绪。我之前遇到过一家人，母亲带着3岁的儿子和2岁的女儿。一天，女儿爬到了桌子上，妈妈生怕她掉下来：“你快下来。”但女孩还是自顾自地玩。这时，她的哥哥走过去对妹妹说：“你站在那，别乱动。”结果小女孩果然就安静了。可见，孩子之间更能理解彼此之间的要求，这是大人们无法理解的。

我认为，培养孩子在学校的合作精神的方法有很多，不过有一点值得我们学习和提倡，那就是让孩子来管理班级。不过，要做好这一点也是有条件的，就是需要老师的监督和指导，并且要保证孩子的安全，并且老师要相信孩子，认可他们的管理能力，否则，孩子就会认为自己被赋予了某些特权，甚至还会“滥用职权”攻击他人，这样就不是我们想要的结果了。

在学校，很多教师会用测试来判断孩子的智商、性格以及社交能力，不过我们要承认的是，有些测试是必要且有效果的。

比如，一个学习成绩很差的男孩，老师在考虑要不要让他留级，此时就可以运用测试了，事实证明，这个孩子的智力没有问题，所以顺利升学了。并且，孩子的潜力有时候是我们无法预测的，在孩子智力没有问题的情况下，教会他们测验中的答题技巧，那么，结果就会不一样。我也发现一个问题，一些孩子，很善于找到测验中的规律，而只要他们掌握了这一点，很容易拿高分，所以说，智商的测验和孩子未来的潜力之间没有根本的关联，并不是先天决定的，也并不是不可改变的。

其实，这一测试的结果只要我们教师清楚就好，不必要告诉孩子和父母。孩子并不知道为什么要接受这样的测试，而他们会以为这是对他们的智力判了死刑。其实，教育中最大的问题并不是对孩子行为的约束，而是思想上的约束。孩子在知道自己的测试分数很低后，自然就会消极颓废，认为这辈子也就这样了，而我们本来要做的是尽量让孩子提升自信和兴趣，从而消除他们内心的很多“不可能”。

其实，孩子在考试后的成绩单不也会产生这样的效果吗？如果这个孩子的成绩不好，而他们很上进，也许他们会努力学习，而在一些对孩子成绩特别看重的家庭中，他们可能就要接受父母的“狂轰滥炸”了，为了避免这一点，一些学生甚至会自行涂改成绩，或是不敢回家，或是逃学或者自杀等，我们的教师能否考虑到这些糟糕的问题呢？

其实，孩子最需要的是来自家长和老师们的鼓励，一张成绩单也并不能说明什么，一名成绩差的孩子，在学校可能被人们视为差等生，但这不代表他们没有进步的空间，事实上，我们也看到，很多成就卓越的人，都曾经是学校的差等生。

经过多年的观察，我发现一个有趣的现象，那就是孩子们似乎并不需要成绩单，就能准确地测定其他同学的能力，他们知道谁的体育成绩好，谁擅长画画，谁的数学学得好等。而我们成人经常会错误地以为，这些成绩是一成不变的，遇到成绩好的人，就认为自己比不过人家，而如果我们的孩子也抱有这样的思想的话，他们也会觉得自己各个方面不如别人，这样的孩子，怎么可能突破自我、获得自信呢？

在学校里，如果我们将学生的成绩划分为三个层次：优等生、中等生和差等生的话，那么，他们的成绩也就在这样一个限定的范围内了，其实，这与遗传因素并无关系，而是他们在思想上给自己设限了，认定了自己也就这样了，不会获得进步。当然，我们也看到一些有趣的现象：有些孩子，原本成绩属于差等生行列，但一段时间后，他们却成为了优等生，这就告诉我们，孩子的潜能是无限的，无论教师还是家长都不要认为，决定孩子的成绩和智力的是遗传。

04 先天因素和后天培养

在教育界，分明存在这样一个误区：认为孩子的所有表现都与遗传有关。这也是一种迷信的说法，一些父母和教师为了推卸自己在教育中的失职，把所有的问题都归结到遗传上。其实，这是对孩子的发展和成长极为不负责的表现，如果孩子的所有能力和表现都是遗传决定的，那么，学校里的学习成绩差的学生难道就不可能有成就了吗？前面，我们已经表述过并非如此，所以，我们的教师和家长，首先要摒弃错误的不负责任的态度，真正认识到对孩子的教育和引导对孩子的后天成长的重要性。

我们这里提到的遗传，并不指的是身体的遗传，而是大脑发育的遗传问题。一些身体上有残缺的孩子，他们在行为上也会受限，但他们的智力并没有受到阻碍，受到影响的是身体的残缺对他们心理的冲击，他们的思想确实比那些身体健康强壮的孩子更容易出现偏差。所以，当一个孩子的身体有缺陷时，我们一定要让他们认识到，这并不能对他们未来的智力产生影响，甚至还应该突破身体的不足，挖掘自身潜能，实现卓越人生，这一点，我们前面也讲述过。

第一次，我在向大家陈述这一观点时，被认为是无稽之谈，认为缺乏科学证据。而我想说的是，这完全是我亲身体验所得，后来，这一结论也得到了广泛的证实。而已经流传了几千年的遗传学观点被遗弃，因为这一观点只不过是教育失职的借口，在他们看来，孩子从出生的那一刻，他的性格、善恶好坏还有未来的成就，都已经决定了，我们无须努力，其实，这才是真正的无稽之谈。

其实，无论是“善”还是“恶”，都是特定环境的产物，是相对而言的，其隐藏的含义是，此人是为他人着想，还是只为自己考虑。在孩子一开始来到这个世界时，他没有接触过不同环境，而一段时间后，他才会了解，也会根据自己受到的教育，形成自己的人生态度，决定了最终的“善”与“恶”。

在研究人的智力的遗传时，我们发现，兴趣是影响智力发展的重要因素，如果一个人反感做某件事，他在这一方面就很难有成就，而如果一个人对某件事兴趣十足，就很容易展现这一方面的才能，因此，我们可以看出来，兴趣比遗传对孩子的影响更大。

不过，我们也不可能否定人的遗传对大脑结构的影响，只要人的大脑的缺点不足以影响正常思维活动的运行，那么后天的努力就能改善和弥补。我们发现，任何一个有成就的人，都并不是因为得益于遗传因素，真正促使他们成功的，是因兴趣而激发出的后天的努力。

即便是那些人才辈出的家庭，我们也不能认为这是遗传的关系。在这样的家庭里，家里的某位成员取得的成功给其他人带来了鼓励，正确的家庭教育的理念也让后辈努力向前，着重培养自己的能力。比如，我们都知道，化学家利比格的父亲是一家药材店的老板，虽然不能断定遗传的作用，但我们经过调查研究发现，这与利比格的成长环境有很大的影响，在其他孩子还对化学闻所未闻的时候，他已经掌握了很多的化学知识。再比如，音乐家莫扎特的父母也对音乐感兴趣，但我们不可以说他的成就来自父母的遗传。莫扎特从小就在充满音乐的环境下成长，而这样一个好的早期教育，让他成为了音乐天才。除了他之外，还有很多出色的人，都是因为兴趣带动他们付出努力，即便是后来遇到了挫折，他们也不会随意退缩。

而当一个教师告诉学生，他在某个方面缺乏天赋所以学不好，无疑是对自己工作的不负责，他们认为这样说自己可以轻松点，但对于孩子来说这就等于彻底的否定，这对于他们来说是一种巨大的打击。我就遇到过这样的教师，童年时候这位老师也这样告诉我，说我学不好数学，我一度也认为自己就是个数学白痴。

不过庆幸的是，有一天，无意中我竟然自己演算出了一道特别难的数学题，这让我喜出望外，从而彻底改变了我曾经的想法。我也开始喜欢上了学习这门课，事实证明，我并不是数学白痴，要知道，我后来成为了学校成绩最好的学生。

阐述这些，我是想说一点，教师和家长认为的智力遗传是毫无科学依据的，完全站不住脚。

05　个性化差异

如果一个人了解怎样去认识和了解一个孩子，那么，是很容易看出一个孩子的个性以及人生态度的，因为从孩子的行为、语言方式、与人相处的态度等方面，都能看出其合作意识和合作能力的强弱。

事实上，经过观察我们发现，一个一遇到事情就求助于人的孩子，缺乏独立性；一到上课就到处扔课本的孩子，不爱学习；一个不喜欢与同学说话的孩子，内心是孤独的；一些被家里长辈溺爱的孩子，总是希望得到其他人的关注才会好好学习，一旦被冷落，他就对所有事情缺乏兴趣，这样的孩子数学成绩通常都不太好，他们更喜欢规则和规矩，但应用能力有限。

一些总希望父母来帮助自己的孩子，在幼年时确实不会有什么大问题，但却为今后的发展埋下了雷，成年之后的他们，一旦遇到问题，首先想的不是如何自己去解决，而是希望别人来帮助自己，这样的人会有什么成就呢？恐怕只会是他人的累赘吧。

还有一种孩子，总希望自己成为人群中的焦点和中心，一旦失去关注，他们就会做出一些出格的事情，对他们来说，惩罚、责备都无所谓，只要不被人忽略。所以，他们的一切恶行的目的只有一个，那就是博得关注，但不得不说，最后往往是他们赢了，因为他们掌控了事情的结果，所以我们看到这样一些孩子，他们在被家长和老师惩罚时不但不害怕和沮丧，反而嬉皮笑脸，一副赢了的架势。

还有一些孩子，他们很懒惰，其实这些孩子内心往往都有远大的目标，但是又害怕失败。其实，每个人对成功都有自己的看法，如果你遇到一个把所有事情都看成是失败的人，你一定会觉得惊讶，也有人认为，只要无法赶超他人，就是失败。而对于懒惰的孩子来说，他们似乎不知道失败到底是什么，因为他们总是在逃避，而且没有真正地接受过考验，他们总是摇摆不定，不知道该不该与人竞争，对于他们的行为，一些人会说：“这孩子就是懒，不然肯定有所作为。”你看，这刚好为他们找到了一个回避竞争的借口，当这样的借口被他们听到了，他们自己也就会这样认为。但是一旦遇到失败了，他们就会挖掘新的理由去维护自尊。

有时，教师会对那些懒惰的孩子说：“你是个聪明的学生，但就是太懒了，如果你能勤奋一点，一定会有优秀的表现。”也许你会认为，孩子会被鼓舞而努力学习，但其实你错了，在这些懒惰的孩子看来，既然不努力都能被老师赞赏，为什么还要努力呢？也许当他们真的勤奋起来的时候根本没有大家说的那么出色，而那时，大家就会根据他们的成绩去评断而不是说他们懒得发挥了。

对于那些懒惰的孩子来说，他们好像只要做出一点努力，就会被人赞赏，你以为这样的表扬能给他带来动力，但其实你也错了。如果你赞赏的对象是一个勤奋的孩子，或许有用，但对于懒惰的孩子来说，他们本身就活在别人的期待中，已经习惯了依靠别人。

还有一些孩子，他们总喜欢做带头人，但是这种孩子必须要有顾全大局的意识，否则很容易出问题。这些孩子喜欢做集体中的领导，非常享受驾驭别人的感觉，只有在那样的环境下，他们才愿意合作。这样的人看上去很成功，其实未来他们的发展令人担忧，他们无论是工作还是婚恋，如果遇到了与自己相似的人，势必会不欢而散，因为谁都想成为主控者。同样，一些家长认为孩子有领导派头，喜欢指派别人是好事，但其实对孩子没有好处，更不利于他们与人合作。

孩子的性格类型有很多，我们无法将其明确划分到某个类别中，但我们可以尽量帮助他们纠正错误的行为习惯，以免影响他们以后的发展，孩子很多坏的行为习惯在童年时期加以纠正还比较容易，但如果任其自由发展，将会影响到他们成年以后的生活，实际上，很多神经性患者、酗酒的人、抑郁症患者甚至是罪犯等，大多都缺乏合作的精神。

神经性焦虑症患者，总是恐惧黑暗和新环境，而在童年时期爱哭闹的孩子，更容易抑郁。我们当然不可能帮助每个孩子的父母纠正他们的教育错误，尤其是那些处于教育迷茫状态但又前来咨询的人，在这样的情况下，我们便可以从教师入手，帮他们认识到教育孩子的正确方法，防止孩子出现行为偏差，进而培养出乐观积极、独立自主且善于合作的孩子。

06　对教学工作的观察

在每个班级里，教师都要了解孩子的性格，否则孩子的合作精神将无法培养，当然有些孩子的性格可能会被隐藏起来，这更需要教师挖掘和学习。

我认为，让一个班级的孩子几年之内接受同一个老师的教育是比较好的事，如果一直替换教师，那么，就无法真正了解孩子的成长、个性以及他们的问题，更别说帮助孩子纠正错误了。相反，假如在三四年时间内跟着一个班级，老师就能对孩子进行全面的把握和了解，帮助其树立正确的人生观，树立与人合作的精神。

还有一些教师建议那些成绩突出且年纪较大的孩子跳级学习，对于这一点，我也不赞同，因为他们受人关注，承载了太多的期望，容易承受压力，而对于班级里的其他孩子来说，也是不公平的，虽然老师这样做的目的是让这个孩子有更好的发展，但其他的孩子也失去了学习和行动的榜样。对于这样的情况，我的建议是可以让这名成绩突出、表现优异的孩子参加其他特色培训班，他在培训班获得了成就，也容易让其他孩子产生兴趣，进而努力进取。

我们发现，很多学校都把学生分成三六九等，形成快慢班。快班里是一些有钱人家的孩子，而慢班里则是穷人的孩子或者智力低下的孩子，这样的分配其实是不公平的。在学前教育上，穷人的孩子本身就欠缺，他们的父母没有教育的经验，也没有时间去教育孩子，他们的精力都花在了如何维持家庭温饱上。而这样家庭的孩子如果还被分到慢班里，就会被处于快班的孩子看不起，会更加失落，甚至走上错误的人生道路，而反过来，如果不进行快慢班的分配，让这些穷人家的孩子也接受素质好的教师的引导，就会出现不一样的情境了。

还有一个我们必须提及的问题是学校的性教育问题，这一问题不适合在课堂公开讨论，毕竟并不是所有的孩子都能理解，谈论过多，会让孩子产生兴趣，而且，他们也未必能接受这方面的知识，甚至会形成错误的人生态度，但如果孩子确实想知道这方面的内容，教师应该明确解释，因为这样孩子才会觉得这一问题是可以被知道的，而不会从其他错误的途径进行了解。总的来说，性教育问题是我们学校教育必须引起重视的一个问题。

第九部分

青春期的引导

01 解读青春期

在心理学上，青春期是一个被大家关注的阶段，人们会认为，这是人生如同暴风雨般危险的年纪，甚至会影响一个人的性格。

我们不得不说，青春期确实是一个很重要的阶段，但是人的性格其实在童年时就已经形成，尽管青春期的孩子要面临很多生理和心理上的变化，但性格却不会变。

当然，我们还是要帮助孩子正确认识到什么是青春期，引导他们形成正确的人生态度等。

心理学上的解释

对于很多青春期的孩子来说，他们做得最多的一件事就是表明自己不再是小孩子了，而我们应该做的就是要让他们知道，成长是一件顺其自然的事，没必要刻意为之，这样能帮助孩子减少很多不必要的心理负担，而如果孩子非要证明自己的成长，他们就会充分强调一些属于自己的个性特征，甚至是用极端的方式凸显自我。

青春期的孩子都渴望独立，希望像个成人一样，比如男孩想要有男人的硬朗，女孩子希望自己变得温柔优雅，但一个孩子究竟会长成什么样，与他们如何理解“长大”有很大的关系，如果孩子认为长大就是摆脱父母长辈的管束，那么，他们在青春期就会对一切管束感到厌恶，如不少孩子在青春期抽烟、说脏话、夜不归宿，就是为了达到这一目的。

一些在年幼时特别听话的孩子，突然变得什么事都喜欢跟父母作对，一些父母为此操碎了心。其实父母不必担心，孩子对父母的对抗一直都在，只是到了青春期，这种对抗变得分外明显和激烈而已。

我遇到过一个男孩，从小他的父亲就对他进行严格的管束，他一直压抑着自己，在小时候，他很听父亲的话，很顺从父母，但内心其实一直想对抗父亲。有一天，他突然发现自己长大了，他的个头比父亲高，身体也比父亲强壮，于是，他开始跟父亲找茬，最后狠狠地揍了一顿父亲，然后离家出走了，其实这就是因为他释放了多年压抑在心中的怒火。

作为父母，我们要知道，孩子在青春期后，非常渴望摆脱父母的管束，非常想要独立，这就形成了叛逆的情绪，而你越是说他们还是孩子，他们越是想证明自己，越是会用激烈的方式摆脱你。

生理学上的解释

孩子会在几岁进入青春期？这个并没有定论，一般来说，是14—20岁，不过也有的孩子发育早，10岁就进入青春期了。

一到青春期，孩子的身体就会发生快速且明显的变化，比如身体长高、第二性征明显，而在这个时期如果他们的外貌体征被人嘲笑，就会在他们心中留下阴影，甚至影响他们一生的发展。

在青春期，内分泌腺的情况也会对孩子的发育产生影响，通常来说，人一进入青春期，各种内分泌腺都会比过去活跃，分泌物增多，这也促进了第二性征的发育，比如男孩会长喉结和胡须、声音厚重，而女孩变得丰满，更具有女性气质。而孩子对于这些身体的变化，如果没有正确的认识，他们就会感到恐惧，甚至影响到以后的心理健康。

02　青春期的几大问题

孩子青春期的到来，不仅对孩子产生心理冲击，就连家长和教师也会受到影响，因为相对于其他的孩子来说，青春期的孩子更难引导，这需要我们了解青春期孩子的几大问题：

失去关注的失落感

不少在青春期出现问题的孩子，都是在童年时期被溺爱，而到了青春期，他们知道自己的身体成长了，而且不再是大家关注的焦点了，此时，他们还是希望像以前一样被人宠爱，但现实不允许他们这样，如此他们就会产生一种失落感，甚至变得脆弱不堪。

怀念童年

我们经常看到一些青春期的孩子，他们虽然身体趋于成熟，但是还是希望自己是一个小孩，喜欢与比自己小的孩子玩，他们认为童年比较有趣，但是他们必须承认自己未来还是要长大。

另外，我们看到一些孩子会像成人一样做事，但其实他们并不真的是大人，事实上，就连这些孩子自身，也不知道自己这样做有什么意义，比如乱花钱、抽烟喝酒，或者谈恋爱等。

抵挡不住诱惑而犯错

这个问题困扰了我们的很多父母，那就是孩子犯错误的问题，此时的孩子希望按照成人的方式做事，但却缺少正确的指导。在这一过程中，有的孩子会因为受到了外界的诱惑而做错事，有的孩子甚至还走上违法犯罪的道路。

如果孩子犯错没有被发现或得到惩罚，他们就会抱有侥幸心理，然后继续犯错。其实，违法犯罪都是在逃避生活，所以，青少年犯罪率一直都很高，对此，我们一定要对孩子进行正确合理的引导，告诉他们如何处理这一问题。

神经症行为

这些行为通常在性格内向的孩子身上更明显，他们的目的是逃避长大，一些青少年不知道如何处理生活中需要面对的问题，就会感到焦虑。另外，到了青春期，随着身体的发育，他们的身体结构产生变化，器官也受到刺激，神经系统自然会受到影响，更易导致神经症行为，当他们出现行为失败时他们也能找到借口。

神经症患者总说自己其实是想做好每件事，想处理好问题，但是一旦问题出现，他们就会推翻之前的想法，然后用病作为搪塞的理由，这样就等于是说："我真的很想解决，但是无奈我的身体不允许，真的是尽力了。"这一点，与罪犯的心理相反，他们是暴露自己的恶意，缺乏社会责任感。

对于这两种人，我们也很难断定谁更幸福，前者思想不坏，但缺乏社会责任感，后者对人充满了敌意，但存有一些社会责任感，于是饱受精神折磨。

自我对立

到了青春期，我们发现了一个奇怪的现象，原先成绩优异的孩子突然成绩下滑，甚至是一落千丈，而原来资质一般的孩子却突然信心倍增，各方面表现优异，这种变化其实有背后深藏的原因。

原来一直是佼佼者的孩子，进入青春期后心理压力增大，他们害怕自己不如别人，容易放松自己。而如果他们能得到鼓励和认同也许会继续努力，继续优秀；而另外一些孩子在获得自信后，对未来有了信心，有了计划和想法，也开始付诸行动，而即使面对挫折和困难，他们的耐挫力也更强。

渴望赞赏与认同

如果一个孩子在家里一直被忽视，那么，当他与其他人打交道时就渴望得到赞赏与认同，为了达到这一目的，他们会采取很多方法。如果是男孩，情况是非常危险的，而如果是女孩不被认同和关注，她们会缺乏自信，而一旦有男人向她们献殷勤，她们很容易就妥协投降。

我们看到，在一些家庭里，女孩被父母忽视，她们很早就有了性体验，这并不是因为他们真的遇到了真爱，而她们这样做，就是为了证明自我，第一，她们有人爱；第二，她们已经长大。而不管是哪一个目的，都是想获得关注和赞美。

我遇到一个女孩，她的哥哥从小就生病，母亲大部分的时间都在照顾哥哥，根本无暇顾及他，后来，他的父亲也病倒了，母亲更没有时间关注她了，所以女孩内心一直渴望被人关心，而后来，父亲病好转了，但是家里又多了个妹妹，这样母亲又要照顾小妹妹。所以，在她心里，她一直是受冷遇的人。

不过，女孩一直学习成绩很好，而且一直读书，不过到了高中以后，她进入青春期，成绩开始下滑，老师并不了解她的情况，对她进行了批评，她的情绪一下子崩溃了，她对生活感到了失望。

女孩后来遇到了一个男人，她认为这个男人喜欢自己，于是，相处了几次之后，便离家出走和这个男人同居了，连续两周时间，她都没有回家。这让她的父母感到很着急，四处找她，她对自己的行为也感到很后悔，最后她想到了自杀，后来，她给家里写了封遗书，内容是："别担心我 ，我走了，一点都不痛苦，我很快乐。"

事实上，她只是想用这样的方式引起家人的关注，她其实也知道她的父母是爱她的，所以她没有真的轻生。如若她的父母能分一点精力关爱她，如果她的老师对她的情况多了解一点，并多给一点鼓励，那么情况就会好很多。

还有一个女孩，她的父母性格软弱，而且他们一直希望自己生的是一个男孩，所以不怎么关注她，而且母亲对女性存在偏见，这直接影响了她的人生态度。偶尔，她也能从父母的谈话中听到父母对她的看法："这孩子一点都不讨人喜欢，要是个男孩就好了。"母亲也抱怨这件事。有次，她的母亲收到了一个朋友寄来的信，信中说道："你可以趁着年轻再生一个。"

这个女孩看到了母亲的信时受到了极大的打击。几个月后，女孩到乡下去看望一位叔父，并认识了一位智商低下的男孩，他们谈起了恋爱。后来，二人分手了，但她一直忘不掉这件事，结果她患上了焦虑症，也不敢一个人出门。一旦不被别人赞赏和关注，她就会极度沮丧，产生自暴自弃的念头。因为父母一直想要的是一个儿子，她没有得到父母的关注，所以为了赢得父母重视，她经常用病痛来折磨自己，甚至自杀，这让父母很痛苦。

我觉得很遗憾，没有办法让这个女孩明白自己的处境，她认为"不被关注"这件事实在太严重，甚至过分夸大这个问题。

03　懵懂的性意识

孩子到了青春期，开始对两性关系十分重视，他们希望以此证明自己长大成人了，但现实中的情况却并不令人满意。

比如，某个乖巧的女孩到了青春期，认为母亲不理解自己，所以经常和母亲吵架，继而很有可能随便找一个异性一直发生关系，以此来报复母亲，而且她并不会刻意隐瞒这件事，如果母亲知道了，感到难受，她反而很开心。其实，我们的生活中有不少这样的女孩，她们早恋，甚至与男人发生关系，这些孩子在平时看起来十分乖巧，发生这样的事，周围的人也感到意外。其实我比较理解她们，其实她们并不想犯错，这是认为家里人忽视自己，所以用这种方式去引起家里人的注意。

相反，那些被溺爱的女孩，则不太容易适应女孩的角色，她们甚至不愿意接受女性的现实，比如躲避男性，不敢与男性接触等，而在遇到性的问题时也感到紧张，在到了适婚年纪后，她们还是抗拒和男性交往。

青春期的女孩子，如果反感自己的女性角色，则很有可能用男孩子的行为来表现，比如抽烟、喝酒，有的甚至还会放纵自己的身体，比如同性恋或者卖淫。我们发现，那些女性性工作者，在童年往往都有不好的经历，她们觉得自己不受欢迎，没人关心自己，所以才会放纵自我。而其实，女孩的这些心理特征并不是青春期特有的，她们从童年就开始讨厌自己的女性性别了，只是在童年还没有表现出来而已。其实不只是女孩，一些男孩也会对男性力量产生崇拜感，他们也会对自己的外貌感到自卑，认为自己看起来不够阳刚，而这有很大一部分是受传统文化的影响，他们有时候甚至怀疑自己在成年后能不能成为一个合格的男人。

对于父母来说，无论男女，我们在孩子2岁的时候，就要引导孩子认识并且认同自己的性别，这样有助于培养他们的性别特质。有些男孩子长相清秀，看上去像个女孩，而他经常听到周围的人说：“你要是个女孩肯定很漂亮。”这句话乍一听是夸赞男孩，但其实容易让男孩产生自卑，严重的还会影响到日后的生活和婚姻。另外，如果他们产生了性别混乱，他们很有可能模仿女性的行为举止，让自己看起来更像是个女孩，甚至和女孩子一样撒娇、化妆等。

孩子在很小的时候，其实已经开始关注到性的问题，即使是襁褓中的孩子也是如此，比如他们会触摸自己，而此时，如果你很生气、呵斥孩子的话，他们就会感到恐慌，然后继续保持这样的行为，而如果他们发现自己的行为父母并不关注的话，自然就会觉得没意思，然后停止了。

我们在与孩子有身体接触时，也要小心，不要对孩子产生不当的刺激，当然，我们可以和孩子拥抱，但是尽量不要让孩子接触到成人的内容。

一个青春期的孩子告诉我，他曾经在父亲的书房里看到了色情影像和读物，而他的身体出现了奇怪的感觉，这让他很困扰。作为父母，我们要保护孩子，就要让他们避免性刺激，要避开那些不健康的内容。

一些父母和教师认为，孩子对性问题感到好奇，我们应该讲解给孩子听。例如，如果孩子主动问起的时候，我们可以将一些正常的生理知识告诉他们。但无论如何，我们在平日里都要多关注孩子，了解他们的需求。

如果孩子比较信任父母，在遇到这方面的疑问时，想必会询问父母，此时，我们要用比较容易理解的方式告诉孩子。另外，我们父母需要注意的是，如果是女孩，不要让她和家里的哥哥和弟弟一起住，对于孩子的发育问题，我们一定要担起责任，帮助孩子顺利度过青春期。

04　成年期的挑战

处于青春期的孩子，如果还未做好迎接成人生活的准备，那么，无论是对生活、还是爱情、友情，他们都会感到很头疼，也无法正确面对。与人相处时，他们会感到不安，宁愿待在家里；对他们也一直认为自己做不好；爱情中，他们害怕与异性相处，不知道聊点什么；他们会经常感到沮丧，不敢与人对视和说话，无论对什么都提不起兴趣，所以终日无所事事，活在自己虚幻的世界里。以上这些表现，都是诱发精神分裂症的重要因素，对于这样的孩子，我们父母和教师的鼓励至关重要，否则，孩子很容易迷失方向，关心他们，给他们指引，孩子就能回归正途。

要对这些孩子进行指引，就要帮助孩子正确认识生活，并且用客观的态度和方式来面对生活中的问题，而不是靠自己的主观臆想。事实证明，任何孩子在青春期遇到的所有问题，都是因为他们没有找到正确的处理人生中的三大问题的方法。任何时候，幻想不能解决所有问题，但是青春期的孩子并未能认识到这一点，在他们遇到问题时，如果我们一味地斥责和批评，那么，他们更会觉得自己不被理解和认同，你越是想引导他们，他们越是做出对抗的行为，除非选择鼓励，不然你做的一切都会徒劳，甚至适得其反。所以，在孩子从青春期走向成人的过程中，我们一定要多给予鼓励和支持，让孩子知道我们始终是他们坚强的后盾。

05　为青春期预热

我们任何人在一生中，都要经历大大小小的各种转折，这是毋庸置疑的，尽管我们无法给出科学的依据，但这是每个人的经验，就如同更年期一样，青春期也是一个不寻常的时期。然而，人生漫漫，青春期也只是一个短暂的转折，不会让我们产生太大的变化，但最为重要的是，我们渴望在这个阶段得到什么，这个阶段又有什么样的意义，以及如何看待这个阶段。

任何一个孩子，进入青春期的第一表现就是感到畏惧和恐慌，这是对未来和责任的恐慌，固然身体上的变化让他们也感到焦虑，但这并不是主要的。一些人认为，青春期可成为一切行为的解释，在青春期之后，就不再被关爱和需要了，而一些人在青春期担忧的就是这一问题。

假如一个孩子有着正确的人生态度，知道自己的责任是为社会做贡献，并且能以平常心与人尤其是异性相处，那么，青春期对于他来说，就是未来为社会做贡献的一个准备阶段。相反，假如他内心自卑，觉得自己处处不如人，对自己的能力产生怀疑，那么在青春期一到来时，他就会手足无措，这时，如果被施压也许他能完成这件事，但是如果让他独立去做，他可能就会感到恐慌，不知道怎么做。

孩子在青春期没学会如何处理这些事，以后遇到事情的第一反应也是恐慌。但是我们父母也知道，任何人要想掌控自己的命运，就必须要有自主能力，靠自己的力量激励自己奋发向上。

第十部分 犯罪及预防

01　了解犯罪心理

从个体心理学的角度考虑，人可以被分为很多类型，虽然人与人之间的情况不同，但并没有太大的差距，比如，那些犯罪的人，其实与我们所说的问题儿童、神经症患者、精神病患者以及自杀、性变态的人都能归结为同一类型，因为他们都是失败者的典型，都是因为没有正确处理好人生问题，而犯了同样的一些错误，他们没有很强的社会责任感，也不懂得替别人考虑，但即便如此，他们和普通人也没什么不同。在责任感和合作能力上，任何人都不敢大言不惭地说自己是完美的，而罪犯和我们普通人最大的不同是，他们犯了比普通人更为严重的错。

罪犯的错误选择

我们每个人，从出生到成长，都在渴望征服困难，我们一辈子也都在为这个目标而努力，这条主线甚至连接了人类发展的整个过程，我们都在努力地实现自我突破，比如从失败到成功，从弱小到强大，从不起眼到受人崇敬，这一条主线贯穿了我们的一生，而一个罪犯如果说自己也有这样的愿望，我们也不足为奇。

那么，罪犯为什么会犯罪呢？从他们的行为方式和态度来看，我们发现，罪犯在与困难作斗争的过程中，选择错了方式，他们不懂得与人合作的重要性，不懂得为社会贡献，而我们普通人，对这一点是非常清楚的。

环境、遗传与改变

一些医学家和心理学家认为，罪犯在智力上存在问题，或者是受到了遗传因素的影响，他们带着邪恶的基因来到这个世界，所以才会犯罪，甚至还有人说，罪犯一旦犯罪，就没有再改好的可能。而我强调，罪犯和常人没有什么区别，只是他们选择错了道路。并且，我始终坚信，如果人们不改变自己的看法，犯罪的问题没办法从根本上解决。我们都知道制止和减少犯罪对于我们社会发展的重要性，但如果我们非要将犯罪的问题归结为遗传这一决定性因素，那么，无疑是将其定义为无法解决的问题了。

无论是环境还是遗传，都不具备强迫性，这就好比生长于同一家庭的两个孩子，却有着完全不同的表现；还有一些在显赫之家长大的孩子，却是典型的纨绔子弟，有的孩子虽然生长于恶劣的家庭环境，却品行端正，为人正直。另外，还有一些犯罪分子，他们在出狱后洗心革面，本分踏实，努力地为社会做贡献，而这些表现显然是遗传这一问题没办法解释的。

其实这些现象一点也不难理解，要知道，人的行为变了，是因为环境变了，他的身上不再背负那么大的心理压力，这样，错误的人生态度也就得到了转变。

童年经历与人生态度

想要从根本上纠正罪犯的犯罪心理，我们就不得不对他的童年经历进行了解，找到阻碍他与别人合作的根本问题。在这一问题上，个体心理学是先驱者，能让我们更清晰地看待这一问题。个体心理学认为，人在四五岁的时候，其实性格就已经形成了，可以将很多事情串联起来。

我们必须承认，遗传和生活环境对孩子的成长有着极为重要的影响，作为父母，我们似乎关注更多的是如何让孩子实现某个目标，而忽略的是教孩子如何应付在成长中遇到的问题，比如孩子在遗传中获得的不足的部分，以及对孩子产生了什么样的影响，只有找到这些症结，才能帮助孩子更好地与人合作，树立正确的人生态度。

对于犯罪事实已经被承认的罪犯来说，他们为了减轻罪行，可能会选择合作，但这只是表象，并不是正常人所实现的合作。而罪犯之所以不愿合作，与其家人有着至关重要的关系。我们作为家长，应当从小就培养孩子的合作精神，让他融入家庭和团体中，并且，家长要身体力行，为孩子树立榜样。而一些家庭里，由于一些因素导致孩子不愿意合作，比如，母亲不愿意让孩子关注别人；夫妻互不信任，处于防备状态，婚姻关系不和谐，把孩子当成自己的私有财产等，在这样一些家庭里的孩子即使长大后，也不愿意与人合作。

作为父母，我们要认识到，培养孩子的合作精神并帮助其融入团体和社会中尤为重要，而在一些家庭中，孩子被父母溺爱，就会被其他孩子孤立，这样孩子就不愿意与人相处，而如果不能被正确引导，孩子就容易引发神经症或者误入歧途。还有一些家庭里的长子更为优秀，那么，比他小的孩子在思想上也很容易出现问题；再者，一些家庭中的父母对最小的孩子格外宠溺，而比他大的孩子就被冷落了，为了被关注，他们会做出一些错误的举动，而这样，就会被惩罚，这就加剧了他们的错误行为，甚至最后演化到犯罪这一不可收拾的地步。

其实，父母是孩子最好的老师，父母的行为和态度对孩子的影响特别大，如果父母经常抱怨，对他人冷漠自私，或者经常说亲戚邻居的坏话，那么，孩子对周围的人和事也总是会表现出恶意，甚至会对抗父母。这些情况与父母营造的氛围关系密切，这个很容易理解，在孩子还小，并不明白什么是社会责任感和不知道为什么要合作时，他就会以自我为中心，并且质疑为什么要帮助别人。而当他们自身遇到困难时，就会犹豫不决，他们想的不是靠自己的力量克服困难，而是认为“既然伤害别人能为自己赢得利益，何乐而不为呢”？

我们来举个例子，看看罪犯到底是怎么形成的。在某个家庭里，有个男孩，他是次子，在他上面还有个哥哥，他看起来很健康、长相帅气，也深得父母和亲朋好友的喜爱，但是他总想超过哥哥，他在生活中很依赖母亲，认为母亲可以给他一切，但是和哥哥的竞争中，他总是失败，并且，学习过程中，他的成绩也总是不如哥哥。为此，他感到很焦虑，而且越来越严重，为了获得心理平衡，他总是想去控制别人。小时候，他就喜欢呵斥佣人，并让佣人扮演士兵，而自己是将，让佣人来听从自己的指挥，这让他很开心，但这并未减轻他内心的焦虑感。后来，在参加工作后，他总是感到很沮丧，总是一事无成，而他也到了生活困窘的地步，即便如此，他还是经常向母亲求助，尽管会被家人指责。

在他结婚后，他的麻烦更多了，他结婚比他的哥哥早，在他看来，这是他比哥哥成功的地方，但实际上，他根本没做好进入婚姻的准备，所以婚后经常与妻子争吵。他的母亲告诉他，再也不会对他进行经济上的援助了，他竟然去乐器店订购了一批钢琴，然后在未付款的情况下又将钢琴卖了，就这样，他被起诉，然后进了监狱。

我们来分析分析这个年轻人，他是家里的次子，他在童年时期的经历就为他犯罪埋下了伏笔，从小时候开始，他的哥哥就一直比他优秀，他一直想赶超哥哥，然后他越错越多，最终被送进了监狱。

20年前，我认识一个 12岁的小女孩，她从小被父母宠爱，但是自从妹

妹出生后，她就将妹妹当成了敌人，她担心玩具、零花钱被妹妹抢走，所以不管是在家里还是学校里，她都针对妹妹。

有次，她竟然偷了同学的钱，很快她成了大家眼中的问题儿童。她的父母找到我，希望我能给出建议，我对这个小女孩的行为进行了全面分析，并引导她认识到了自己的问题，这件事过去了很多年，这个小女孩也嫁为人妇，过得非常幸福。

犯罪的个性构成

在本书的开头部分，我已经提及过影响孩子发展的一些因素，此处，我们再次提及，那些不善于合作的孩子，在他们的身上主要有三种情况：第一，身体的缺陷；第二；童年时期的溺爱；第三，得不到关注。

我曾经研读过很多的犯罪案例，也分析过很多犯罪记录，我希望能从其中总结罪犯的个性特征，我认为，只有从个体心理学出发进行研究才能找到问题的关键，接下来，我们就从几个案例开始着手分析：

案例1：弑父

这个杀害自己父亲的年轻人叫康拉德。

事情是这样的：

康拉德从小就不被父亲重视，不仅如此，他的父亲还经常粗暴地对待家里的成员，包括康拉德和他的母亲，有次，他实在忍受不了父亲的残暴了，他打了父亲，他的父亲将他告上了法庭，康拉德向法官陈述了殴打父亲的原因，然后法官轻描淡写地进行了评价：“你的父亲很凶残，但是我没有办法。”

法官随意说的一句话却被康拉德记住了，他认为，他的父亲很残暴，就连法官也收拾不了他，那只有他自己来做了。经过这件事，他的父亲不但没有收敛，反而变本加厉，当时他还将自己的情人带回了家，甚至明目张胆地住在家里，并将康拉德赶出了家门。

在被父亲赶出家门的这段时间内，康拉德认识了一个短工，此人更为凶残，他向康拉德提议，杀了他的父亲，此时，康拉德犹豫了，因为他还有母亲。但就在这段时间，父亲更张狂了，还总是殴打母亲，康拉德一气之下，在这名短工的帮助下，亲手杀了自己的父亲。

亲手杀死自己的父亲？也许我们感到诧异，但案例中的康拉德真的这样做，他最终成为一个杀害自己父亲的杀人犯，就是因为他生活在一个不良的家庭环境中，他的父亲凶狠异常，这就导致他把关注点都放在父亲身上，而忽视了其他兴趣的发展，同时，在当他犹豫不决时，同样凶残至极的短工为他点了一把火，最终康拉德走上了这条不归路。

案例2：下毒女郎

玛格丽特·史万基格是名罪犯，她被人称做：下毒女郎。她很小的时候就被遗弃了，她很瘦小，看起来有些畸形，而身体的缺陷让她爱慕虚荣，希望能被周围人注意，因此，她开始做出一些讨好人的行为，但即便如此，她还是没达成所愿，对此，她感到很绝望。后来，她的行为更疯狂了，甚至她为了得到一些有妇之夫，竟然对这些男人的妻子下毒，然后说自己怀孕了，并以此威胁，希望借此来掌控这些男人。

玛格丽特承认一点："我在做这些事的时候就想，既然从没有人关心我，我又何必去理会别人的感受呢？"其实很多罪犯都有这样的以自我为中心的心理。

在她找到我以后，我告诉她，不妨尝试与人合作，但她却担心别人不喜欢她，我告诉她，凡事总要有人先做，如果别人不跟你合作，是别人的事，你只管做好自己的，不要管别人是不是愿意。

案例3：逼母亲离家的男子

N.L.是家里的长子，走路有点瘸，他在弟弟面前喜欢扮演父亲的角色，这让他很有成就感，一开始，这种作风还不错，但时间一长就变得有些畸形了。

后来，他逼自己的母亲离家，让她在外面乞讨，他很不喜欢自己的母亲。这里我认为，如果我们早点认识他，事情就不会变成后来更糟糕的样子。

成年后，他找不到一份好工作，又感染了性病，无钱医治。有次。他还是和从前一样找工作，但是又被拒绝了，为了少一个人与他分享家里的物资，他竟然将弟弟杀害了。

他的这些行为看起来丧心病狂，但其实是因为他所遭受的超过了他的承受能力，他经济拮据，感染性病，所以才不愿意与人合作并一次次犯下大错。

案例4：狠心的养子

有个男孩子，他从小被人收养了，他的养父母视他如命，对他非常好，几乎是溺爱，他就这样被宠坏了，他总希望自己能超过别人，养母了解他的这一性格，所以鼓励他去实现自己的梦想。

他很有商业头脑，于是，在养父母的经济支持下，他去做了自己喜欢的事，但现实没有他想象得那么简单，他屡次遭到失败，为了保留自己那点可怜的自尊，他招摇撞骗，四处敛财，甚至以贵族的身份到处挥霍养父母的钱，最后还将养父母赶出了家门。

他到这步田地，令人唏嘘。在此过程中，他的养父母是受害者，也是一切的制造者，他们给了这个孩子错误的教育和溺爱，使他觉得自己存在的价值就是说谎和超越他人，他没有想过通过自己的努力和劳动去实现自我，而是招摇撞骗，最后发展成诈骗，不得不入狱。

罪犯是疯子还是懦夫

可能不少人认为，罪犯都是疯子，诚然，一些患有精神疾病的人可能会做出超越常理的事，但这与我们常说的犯罪行为不同，对于通常意义上的罪犯来说，他们缺乏的是合作精神，他们经常不被人理解，从而想着用自己的错误的方式去报复他人、报复社会。

一些人认为，罪犯都存在智力问题，对于这样的论断，我们应该区别对待。对于一些头脑简单的罪犯来说，他们的犯罪行为很多情况下确实是被人蛊惑的，他们是别人实施犯罪的一枚旗子而已，在犯罪前，这些人会为他们勾勒出一幅诱人的蓝图，然后策划他们去犯罪，让其承担被法律制裁的风险。生活中，我们就看到一些青少年或者年幼的人，他们被那些年老的、有经验的罪犯教唆而走上犯罪的道路，这种就是明显智商不足导致的犯罪。

不过，无论哪种形式的犯罪，对于罪犯来说，他们都是懦夫，他们之所以会做出伤害他人、危害社会的举动，就是因为他们认为这样才能找到自己的价值和存在感。他们喜欢逃避问题，他们喜欢躲在人群的角落处，不喜欢与人沟通和合作，其实他们的内心也十分恐惧，但是他们会故作大胆，夜晚睡着的时候，他们经常会被自己的噩梦吓醒。

这些罪犯在犯罪后，如果没有被警察抓到，就会心存侥幸，认为自己非常聪明，认为自己永远不可能被抓到，而继续犯罪。然而，这对他们来说是一种悲哀。即便被抓到了，他们还是自我安慰："如果我小心点，肯定不会被抓到。"而如果在后来的犯罪过程中逃脱了，他可能会觉得自己十分高明，还会自我欣赏。

所以，要消除犯罪现象，一定要想办法改变犯罪心理。

关于这一点，我们可以在学校、家庭或者拘留所里进行，而具体的操作方法，我们在后续的内容中会详细介绍。

02　犯罪类型

总结起来，一般罪犯有两种：第一种是相信世界还是美好的，人与人之间有真情，但就是自己没被善待，所以对周围的人心存敌意；还有一种是从小被父母宠爱，娇惯成性，在他们看来，他们之所以走错路，完全是父母一手造成的。

但无论是哪一种，我们都可以说， 一些人之所以犯罪，与他们接受的不良教育有关系，他们不懂得正确与人合作，而正是因为这样，他们才走上了错误的道路。

事实上，哪个父母希望自己的孩子犯罪呢？哪个父母不希望孩子做合法的公民呢？然而，很多父母却不知道用什么样的方法才能达成自己的心愿。现实生活中，我们看到的更多的是，一些父母要么肆意打骂孩子，认为孩子就要严加管理，而也有一些父母，一味地溺爱孩子，让孩子养成以自我为中心的坏习惯，一旦发生让自己不开心的事，就归结到他人身上，从不知自我反省。

下面，我们来看看几个犯罪案例：

案例1：“热血约翰”

这个案例来源于谢尔登和埃莉诺·T·格鲁克合作的《500个人的犯罪生活》一书，这名罪犯解释了自己的犯罪原因和犯罪过程。

“我从没想过自己有一天会将自己心里的话说出来。其实，在十五六岁以前，我跟其他男孩没什么不同，我也经常学习、看书、运动，也过得很充实。后来，我的父亲让我辍学出去工作，我也努力工作，但是他将我的钱全部拿走，每周只给我五毛钱，试问五毛钱能做什么？就算在我们这样的一个小镇，五毛钱也什么都玩不成。”男孩这样控诉着自己的父亲。

我问到他父母的关系才发现，原来他们也缺乏合作精神。

“工作一年后，我认识了一个女生，我们谈恋爱了。她很爱玩，但我的五毛钱怎么可能应付我们的生活，也不能带她出去玩。”其实，很多罪犯都有类似的经历，他们会喜欢那种爱玩的女孩，因为他们的经历不美好，所以希望找个快乐的人生活，但无奈的是，这名罪犯经济太拮据了，所以后来，他绞尽脑汁想赚到更多的钱，但是他没想着怎么做兼职，而是想到了犯罪。

他继续回忆：“我认识了一个男人，我们很合得来，他很能干，偷东西基本都很顺利，每次都分给我钱，我决定长期和他合作下去。”

不得不说，不少年轻人犯罪，都与受到这样的蛊惑有关系，一个有正常心理的人一般能经受得住这样的诱惑，但是长期在这方面动心思的人，情况就不同了。并且，如果犯罪过程顺利，没有被抓到的话，他们就会产生继续犯罪的欲望。

他的父亲在工厂上班，有自己的房子，家里经济条件虽然不是很好，但日子也算勉强过得去，家里另外还有两个孩子，而且，除了他之外，没有人犯罪。在15岁那年，他有了第一次的性经历，大家都说他好色，其实有性欲望很正常，他也只是想通过这样的方式得到别人的关注。

终于，在他16岁那年，他因抢劫而入狱，而抢劫的原因，也与我之前的猜测不谋而合，为了满足自己的虚荣心，他不惜在女孩身上花费重金，他将自己打扮成西部绑匪的样子，腰间别着一把枪。他内心虚无，想当英雄，但是又找不到存在感，只好用这样的方式来弥补。在他被警察抓获的时候，他丝毫没有狡辩，而是全盘承认，还主动交代了很多事。

在对案情供认不讳后，他说自己根本不想活了，他认为自己没有活着的必要，他对什么都提不起兴趣来。这就是他找不到自己存在感的表现。

“我不信任何人，有人告诉我，骗子之间是不存在欺骗行为的，但情况完全不是这样，之前我对一个同伙特别仗义，但是他却在背后向我捅刀子。不过，如果我足够富裕的话，我一定本分老实地生活。我很讨厌工作，这辈子我都不想工作。”

他这段话里的弦外之音是，他犯罪是因为精神压抑，但生活拮据，所以才去偷窃。关于这一点，我们有必要认真分析其中的含义。

“每次偷东西，我并不是为了犯罪，每次，我看到有‘目标’的地方，我控制不住我自己，我总是提醒自己赶紧下手，然后迅速逃走。”他认为自己在做这些的时候像个英雄，但其实这根本就是懦夫的行为。

“有一次，我身上有一万多块的珠宝，我当时想卖掉，然后去找个女孩，但不幸的是，我被抓了。我觉得自己好傻啊。”他认为，为女人花钱，能征服女人，得到女人的赞赏。

“被抓后，我也学习各种课程，但我可不是为了改过自新、早点出去，我是为了获得更多的作案技巧。”他倒是很诚实，不过他对人类社会存在极大的仇恨情绪，甚至根本不想继续活下去，甚至他还说，未来如果他有孩子，他一定会杀了他，因为他认为，他将这个孩子带到这个世界上，本来就是错误。

那么，我们该如何帮助他呢？唯一的办法就是让他认识到自己的思想错误，帮助他学会与人合作，我们要让他认识到，他之所以会误入歧途，是因为童年经历让他对自己的人生有了误解，只有这样才能真正帮到他。

这是书中的案例，我并不了解所有的细节，所以只能凭借自己了解到的一些资料大致判断：他应该是家里的长子，一开始被宠爱，但随着家里另外的孩子的诞生，他就失去了焦点的地位，而随后，生活中随便发生的一些小事，都能成为阻碍他与人合作的缘由。

约翰说，那些在监狱或者劳教所被打骂和折磨的孩子，即使出去了，还是继续仇恨和对抗社会，因为他们会将其视为一种磨砺，他们喜欢挑战，喜欢与社会的对抗。对于那些与世界为敌的罪犯来说，还有什么比对抗社会更刺激的呢？

在家庭教育里道理相同，最糟糕的教育方式，就是让孩子接受挑战，这样他们会形成一种错误的思维方式："我一定要证明，到底谁更厉害。"他们想做自己的英雄，因为这一点，一些罪犯认为只要自己足够聪明和小心，就不会被抓住。同样，在监狱里，千万不可让罪犯迎接挑战，这对帮助他们认识错误丝毫没有帮助。

案例2：杀人犯的日记

接下来我们分析这位杀人犯在犯案前写下的日记，他清楚地记录了自己的犯罪行为，他杀了两个人，当然，他现在已经伏法了。

其实，任何罪犯的犯罪行为都不是盲目的，都有一定的作案动机，所以，警察在为犯罪分子录口供的时候，都会着重了解他们的犯罪动机。

我们任何人都应该有强烈的社会责任感，而罪犯就是努力想逃离这种责任感。在陀思妥耶夫斯基的《罪与罚》中有这样一句话：“拉斯柯尔尼科夫在床上躺了两个月的时间，他在考虑的是自己要不要实施犯罪行为，然后他问自己：‘到底是要当拿破仑还是懦夫？’”最后，他选择了自我欺骗，他当了自己心中的“拿破仑”，却成了真正的懦夫。

其实，那些罪犯心里也清楚自己的行为不好，也不知道到底怎样的生活才是正确的，但是他们不敢直面自己的人生，不敢去过有意义的人生，因为他们不具备与人合作的能力，不具备为社会做贡献的能力，所以他们胆小又自卑。

下面这些话，就是我从这名罪犯的日记中摘抄下来的：

“没有人喜欢我，大家都嫌弃我，不待见我，我已经受够了，当然，我可以忍受被冷落，但是我总要吃饭啊，要怎么生存呢？”

看吧，这就是借口。

“有人说我会上绞刑架，但饿死和绞死不一样都是死吗？”

还有一个案例，男孩的母亲说：“我知道，你早晚会勒死我。”果然，在男孩17岁那年，亲手勒死了母亲。

“反正早晚都得死，我喜欢的女孩都不理我，我一无所有，既然这样，那还有什么可值得顾虑的呢？”

他希望得到女孩的芳心，但是他太穷了，所以他想着，只要得到了她，就什么问题都不是问题了。“事已至此，我只有把她夺过来了，不然也没办法了。”

这样的人，行为极端，就像个孩子一样，想要得到的就必须要得到，不然就会焦虑不安。

“所有的事都准备好了，我就等着星期四的到来，我所有的计划都做好了，只要做成这件大事，就能证明我比其他人能干。”

然后，他真的在这天，拿出了刀，杀了一个男人，成了自己的“英雄”。

“我要生存啊，我已经不在乎了，还有什么事情比饥饿更可怕呢？我已经忍受不了，犯罪也需要被抓起来，但是总好过被饿死吧？如果饿死了，还有谁来关注我，但犯罪至少能让我活下去，还有人来看我和同情我，那样会好很多。”

其实，他根本不勇敢，因为他并没有扎到对方的心脏，不过对方还是死了，所以他还是要接受死刑，“不过我遗憾的是，长这么大，我还没有穿过一件昂贵漂亮的衣服。”

此时，他的作案动机已经不是解决饥饿了，而是穿漂亮的衣服，他还为自己辩解，声称自己也不知道自己做了什么，的确，每个罪犯在解释自己的行为时，都能找到借口，比如醉酒，好像喝醉了犯罪就不用接受惩罚一样。

这些心理活动都表明，他们是在做了很长时间的挣扎后才将内心的犯罪动机化为实际行动的。

03 合作的重要性

罪犯的行为无非也是想要获得优越感，只不过他们用错了方式。他们在犯罪的过程中获得的东西都是私人的，都是以伤害他人为最终目的的。在他们看来，与人合作是多余的，他们也认为伤害他人没有什么错，所以，我们要想真正分析和了解一个罪犯，就要洞悉他们在合作方面存在的问题。

其实，罪犯也是有合作能力的，只是合作的能力不一样，一些罪犯只是偷窃、抢劫，但是有些罪犯却杀人、放火、强奸等，还有的罪犯会参加犯罪组织，进行犯罪活动，对于这些，我们首先要了解他们的经历，才能给出具体分析。

前面，我们也谈过，人的性格、经历以及人生态度等，在其四五岁的时候就已经形成了，所以，想要改变他们并不容易，我们更应该了解他们在这一过程中到底遇到了什么，才能从根本上纠正他们，在不了解这些的情况下，对罪犯进行再多的劝解，都是毫无意义的。

有资料显示，犯罪率与小麦的价格成正比，但这只是个宏观的数据，并不能证明犯罪全是因为经济拮据造成的，但我们依然可以说，经济形势不好的时候，人们的合作能力会被束缚，而人的忍耐限度一旦到达了极限时，就容易朝着错误的方向前进。

人们在顺心如意的时候，是不会犯罪的，只有遇到了意外，才会走错路，此时，他们的人生态度、生活方式和处理问题的动机决定了他们最终采取什么样的行动。

个体心理学在对大量的案例进行分析后得出一个结论：

罪犯对其他人不感兴趣，他们只是在一定程度上跟人合作，而超越了这个界限，合作受阻的情况下，他们就有可能犯罪。从很多的犯罪案例中，我们也能总结出来，在去除社会问题的情况下，很多罪犯遇到的问题都可以自行解决，而他们之所以最后选择犯罪，是因为他们承受了他们无法承受的社会压力。

在本书开头，我们就提到过，个体心理学将生活问题分成三大类：

第一，我们与他人的关系。其实，罪犯也有朋友，不过他们会选择和自己的同类做朋友，彼此之间保证绝对忠诚，不出卖，他们的圈子是自己划定好的，因为他们没办法和普通人做朋友，认为他人都很冷漠，所以只能和同类做朋友。

第二，工作中的难题。我们发现，很多罪犯在回忆关于工作的心得时，都会表现出厌烦或者不满的情绪，他们要么认为工作很糟糕，要么很焦虑，不愿意跟人合作，因为工作就意味着要考虑别人的感受，要承担压力，这是他们欠缺的，所以，他们不善于合作，也缺乏责任心，最终走上犯罪的道路。

其实，这样的情况并不是一天形成的，他们在上学时就这样了，他们不喜欢学习，讨厌和同学合作，他们走入社会，就好比一个什么都不会的人去参加考试，考试成绩自然一塌糊涂。

最后，是婚恋问题。一段幸福的婚姻与爱情是两个人共同经营的，我们通过调查发现，一半以上的罪犯，他们在入狱之前都患有性病，在他们看来，伴侣是一种财产，发生性关系，就是占有别人的一种手段，而不是确立终身的关系。

一个人无法健康地成长，很大程度上就是由于不能与人好好地合作。其实，日常生活中，我们时刻都在与人合作，而合作能力的强弱很多时候都体现在我们的言行中，我们发现，那些罪犯好像和正常人就是不一样，他们语言表达和行为似乎被阻滞了。

日常生活中，我们都会用语言来表达自己的思想，而对于罪犯来说，他们有自己的逻辑表达方式，他们的智力没问题，但是他们就是认为自己的方式才是“合情合理”。

比如，有的罪犯会说：“我看到他穿了一条特别不错的裤子，而我没有，我就杀了他，拿到了那条裤子。”对于正常人来说，这种逻辑太可怕了，但是对于罪犯来说，他们认为这种逻辑就是合理的，这样，他们不需要努力，就能得到自己想要的。

最近，我还看到了一则发生在匈牙利的案件，一群妇女被控诉，原来这群妇女用投毒的方式杀了很多人，在被抓到后，一名妇女说：“我儿子重病，我需要照顾他，全家人都指着我工作呢，我们都太辛苦了，所以我杀了他，这对于大家都是一种解脱。”

很明显，在艰难的处境下，她放弃了合作，她认为这好像是没有办法的选择，但其实，这是她对生活的一种误解，所以才走上了犯罪的道路。

04　合作的早期影响

前面，我们说过，犯罪的根源在于缺乏合作能力，那么，我们来看看，到底在什么情况下，合作能力的培养才会出现问题。

家庭环境的影响

孩子缺乏合作能力，父母有着不可推卸的责任。比如，母亲不懂得如何与孩子建立合作关系，或是母亲行为偏激，不愿接受他人帮助和帮助他人，还有可能母亲本身也不善于与人合作，而孩子受了潜移默化的影响，也成为这样的人。

如果孩子生活在一个有问题的家庭里，孩子也很容易有问题，要知道，母亲是孩子接触的第一个人，母亲的合作能力如何，直接影响了孩子。

如果孩子一直备受关注，而后来，家里又出现了另外一个孩子，那么，这个孩子就等于受到了巨大的打击，而为了展现自己的优越感，他们会对抗母亲，会欺负弟弟妹妹。

我们在了解了罪犯的童年经历后会发现，其实，问题早已经存在，当他们长大成人后，这种危害性日益增加。其实，环境对他们并不会产生多大的影响，影响他们的是他们的看法，他们的看法走偏后，如果父母不加以干预，他们自然会走错路。

在一个家庭里，如果其中有个孩子在某些方面特别出色、远超过其他人的话，那么，这对于其他孩子来说，可不算是什么好事，优秀的孩子表现越好，其他孩子越是有挫败感，然后就会选择不合作，长大以后，就有可能犯罪、自杀或者患其他精神疾病。

其实，合作精神的缺乏，已经从他们入学的第一天就体现出来了，他们并不喜欢乖乖地上课，他们无法集中注意力，而如果老师再不理解他们，那对于他们来说无疑是再次受到打击，更不愿意与人合作了。

所以，教师也要关注孩子，如果这些孩子没有得到鼓励，就会产生厌学情绪。很多罪犯就是因为在学校被分配到慢班，被认为是智力低下，他们对学习乃至周围的事都丧失兴趣，进而将注意力放到那些不好的事情上，时间一长，他们就容易误入歧途。

贫困

我们都需要物质生活的保障，我们需要穿衣吃饭，而一些家境贫寒的孩子，他们会被人歧视。他们要承担巨大的生活压力，所以不得不早早辍学出去工作，当他们来到城市，看到有钱人过着舒适的生活，想买什么就买什么，他们就会心生羡慕。

实际上，城市里的犯罪率确实比农村高，因为贫富差距比较明显，而如果他们能正确地看待贫富差距，进而鼓励自己朝着积极向上的方向努力，就不会导致犯罪的发生相反，如果他总是想着投机取巧，那么就容易走上邪路。

生理缺陷

生理缺陷会引发人的自卑情结，这一点，我们之前也提及过。原本我以为这一观点能给神经学和心理学提供帮助，但后来发现这一说法还有待完善。而实际上，生理缺陷对人造成的自卑的剖析远比我们想象的要麻烦的多。

其实，一个人的自卑感不是来自生理缺陷，最主要的原因是他没有从周围的环境中得到正确的引导，假如周围的人能用平等的眼光去看待一个生理有缺陷的孩子，那么，他就不会感到焦虑不安，更不会过度自卑，反而，他能感受到爱，愿意与人合作；相反，假如他总是被取笑，那么，他就会对他人产生仇恨心理，拒绝与人合作，性格变得孤僻和自私。

社会缺陷

在罪犯中，孤儿占的比例很大，对于这一现象我们必须承认，社会必须承担主要责任，因为我们一直忽视了对孤儿的教育，让他们走上了错误的道路。除了孤儿，还有一些私生子，他们从出生就被人嘲笑，并且，他们也没得到感情上的温暖，感受不到爱，也就严重影响了身心的发展。在罪犯中，还有一些被遗弃的孩子，他们总感觉自己是多余的，是被社会遗弃的。另外，还有些长相丑陋的人，他们经常被人嘲笑，这样一些人，他们是很难有很好的合作精神和合作能力的。

一个孩子在年幼时就深受社会的伤害，自然就会产生畸形心理，开始仇视社会。当然，并不是所有的罪犯都长相丑陋，也有一些长相好看的人，因为被溺爱而长期以自我为中心，不与人合作而误入歧途，而这一点也说明，遗传不能成为犯罪原因。

05　如何矫正犯罪行为

我们最终要解决的问题，是如何帮助罪犯改邪归正、走上正途，以及如何杜绝犯罪行为的再次发生。

其实，关于这一问题的解决方法，前面的内容中我们已经提到过，那就是培养他们的合作精神，只有这样才能培养他们对社会的兴趣，如果这一点没办法做到的话，那么，其他任何努力都是白费，即便我们经常探监也没有任何作用，事实上，他们在出狱后还是会继续犯罪。

我认为，在罪犯还不具备合作能力时，不能因为刑满就释放，因为在这样的情况下，他们重新回归社会，只会为社会带来更大的危险，因为他们还没做好准备迎接新生活，也不了解如何与人合作，此时他们只会走上犯罪道路。

当然，帮助罪犯提升合作能力，并不是一件容易的事。我们不能简单地进行说教，也不能用粗暴的方式进行干涉，因为他们现在的生活方式和人生态度不可能因为你的几句话或者行为干预就能改掉的。要改变他们，必须要从他们的思维方式着手，找到问题的根源，才能根治。比如，我们应该了解他们是什么时候受到过什么打击，这样能尽量引导他们理解那些早期错误的含义，让他们重新认识自己和生活。具体来说，我们可以从以下几个方面进行。

杜绝体罚

体罚对于罪犯来说毫无用处，相反，他们对社会和他人的仇视心理只会加剧。即使他们暂时表现出服从也是一种自保，一旦有机会，他们势必会继续犯罪，这一道理，我们在前面就已经讲过，他们原本就是因为总是被鄙视或者看不起而做出错误的理解，如果在服刑期间继续遭到斥责，那么，他们不可能与人合作，只会加深敌意。在找不到信心的情况下，他们会去寻找和自己处境相似的人，这样，他们才会觉得心安和快乐，因为不用再遭受正常的社会中带来的不安感了。

正因为这样，才有那么多的孩子走上错误的道路。所以，无论是家庭、学校还是劳教所，正确的教养方式尤为重要，我们应该组织起来，让每个孩子都能在学校里得到信心和鼓励，这样能避免很多悲剧的发生。

另外，在一些已经不珍惜自己生命的罪犯那里，体罚更是毫无用处，因为他们本来就准备自杀了，所以他们对体罚毫无畏惧感，体罚不但不让他们觉得疼痛，反而有种变态的快感，进而激发他们更强烈的反抗和犯罪心理。

在罪犯的内心深处，他们就是喜欢挑战，你越是想管束他们，他们就越是坚定自己内心的想法，并且，他们会认为，以后一定要用更高明的手段。而如果他们被处以体罚的话，他们对社会的仇视更深了，他们会告诉自己，出狱后再作案的话一定要小心点，绝对不能被抓住了，所以警务人员下次再遇到的就是更狡猾的罪犯了，所以，体罚根本达不到我们想要的惩戒和教化作用。

从小培养孩子的合作精神

任何一个孩子在成长的过程中，难免会遇到一些让自己感到失望的事，此时，如果他们觉得事事不如别人，就会产生很强的失落感，找不到自我价值，他们就会选择其他途径来寻找自我优越感。

我们应该让罪犯明白自己的处境，知道自己为何会犯罪，帮助他们找回生活的勇气、提升与他人合作的意识与能力，这样，他们才能真正走出过去犯罪的阴霾，过上新的生活。对于年幼的孩子来说，如果我们早点认识到这点，让孩子学习与人合作，估计他们就不会犯罪。

其实，我们对大量的犯罪资料进行了分析后发现，几乎所有的犯罪分子在童年时期，因为受到各方面的影响，都缺乏合作的精神。事实上，人的合作精神并不是与生俱来的，而是通过后天的努力和学习才能获得。因此，我们才知道要寻找解决问题的最佳途径。然而，数千年来，我们一直都在为这个答案而努力，但可惜的是一直都以失败告终，直到个体心理学的问世，我们才真正地知道，解决问题的最佳途径是教会罪犯学会合作。

这一点实施起来并不容易，因为很多罪犯之所以犯罪，就是因为他们已经基本上丧失了很多能力，要帮助他们重新拾起来着实费力，而一旦到了艰难的环境中，犯罪率更上升，他们无法获得稳定的工作，合作能力也就失去了，长此以往，对正常的合作也就失去了兴趣。

一些切实可行的操作方法

在帮助罪犯重新走上正轨这件事上，我们可以做的有很多，最为直接的就是为他们提供一份适合他们的工作，这是非常现实且有用的，至少我们能够保障他们不会因为生存问题而再次铤而走险，如果这点真的做得很好，能大幅降低犯罪率。因此，我们的社会要努力提升经济条件，要努力为公平和正义而努力。

我们的家长和学校为了让孩子以后能更好地适应社会环境，都会让孩子学习知识，有的还是技能训练，这样，他们能在日后有更多进行职业选择的机会。我们在对罪犯进行改造的时候，也可以让他们在服刑期间进行学习，以确保他们出狱后可以融入正常的社会生活。比如，可以组织犯人一起讨论世界观的问题，以及一些社会时事新闻，进而促使他们对世界有全面的认识和了解，还要提醒他们，不要给自己设限，要努力与人沟通和交流。同时，还要消除犯人之间贫富悬殊的问题，一些经济条件差的人容易生出嫉妒之心，而那些富裕的人，也不应过分炫耀自己的财富，否则容易引来麻烦。

对于那些智力低下者或者问题儿童，我们前面也提到过不要挑战和刺激他们，这样只会恶化问题。事实上，他们之所以走错路，就是因为接受了来自外界的刺激，而全世界的警察都在做挑战罪犯的事，但事实上犯罪根除了吗？答案是否定的，可见，单纯地挑战罪犯根本无济于事。当然，这并不意味着我们要纵容犯罪现象，而是说高压或怀柔政策都无法成功地改造罪犯，最好的方法就是从思想意识开始改变他们，让他们认识到自己的问题，并心甘情愿地改变。

一般来说，罪犯的心理都受到过伤害，如果我们鄙视他们，只会激发他们更深的反抗之心，比如一些罪犯在看到监狱的同伴被处以极刑，不但不感到害怕，反而加剧了他们在出狱后继续作案的决心。

另外，对于警察来说，还要提升破案率，有调查数据显示，至少有四成以上的罪犯依然逍遥法外，而这就给那些蠢蠢欲动的罪犯以心理安慰，他们认为，只要小心点就没事。倘若我们不能正确地打击犯罪，只会让犯罪行为更猖狂。另外，对于罪犯来说，无论是服刑期间，还是已经处于即将服刑期满的阶段，都不能再侮辱他们，如果可以，应该加大对缓刑人员的监管力度，而这些监管人员必须对社会问题和合作问题有正确的认识，并且能运用到实践中，以帮助罪犯调整人生目标，实现合作。

预防犯罪的方法

我的这些想法，如果能在未来加以实现的话，那我的梦想就实现了。当然，这不可能杜绝犯罪的发生，我们还需要一个能随时随地运用的可行的方法，比如，让孩子充分发挥合作能力，使之成为社会关注的焦点，长此以往，能帮助减少很多犯罪行为。就算是孩子被诱惑了，或者遇到了难题，也能保持一个正确的态度而不至于走错路。

很多罪犯在青少年时期就偏离了生活正轨，有调查显示，罪犯的年纪大多在15—28岁左右，其实这些孩子没有受到好的教育。对于父母来说，孩子能不能成才是其次，首先要培养孩子做到积极乐观、让孩子全面发展，只有精神上得到了正确的引导，他们才会有合作精神，在未来才有可能以健康的态度面对生活，才能有一个好的人生。

接下来，我们需要考虑的一个问题是，这一问题怎么找到切入点呢？从父母入手吗？当然不是，我们对父母进行培训，也许他们根本不会接受我的意见，而如果对孩子进行集体监督更不现实，最好的办法是动员老师。我们可以对老师进行培训，然后让他们来引导和培养孩子的合作观念，而如果孩子原本在家庭中有错误的观念，也可以对其纠正，让孩子学会关心他人，对他人感兴趣，这是学校的责任，也是未来的发展方向。弥补家庭教育的缺失，本来就是学校存在的意义。

总之，我们都是先祖的后代，我们现在享用的一切是先祖通过合作留下来的财富。如果我们都活在自己的世界里，拒绝与人合作的话，我们的世界将变得一片荒凉，只有那些愿意合作、愿意奉献他人的人才能有所成就，感受到真正的自我价值。假如我们用这一理念去教育孩子，将来他们肯定也能成为乐于合作的人，即便是遇到了困难，也能想方设法靠自己的努力去解决，而不是想着伤害他人来达成自己的目的。

第十一部分

职业问题

01 人生三大难题的平衡

前面，我们谈到了人生的三大难题，其实，这三个问题之间是相互关联的，不能单独拿出来处理，在解决任何一个问题之前，都必须要保证其他两个难题得以解决。

第一个问题是我们都生活在地球上，地球上有着充足的我们赖以生存的资源，我们在这一基础上，积极地工作和生活。

在解决完第一个问题后，便引申出第二个问题，就是人类必须是相互依赖的，并且合作共赢，只有这样，我们才能更好地团结起来，实现人类新的发展。并且，随着合作的重要性逐渐被人们熟知，人类的分工不但开始细致分化，还出现了很多的专业性人才，假如我们都各自为政，不与人合作，就不可能共同完成一项大型的工作，更别说人类的进步了。

然而，一些人不愿意与人合作，他们总是逃避合作，这样的人通常是曾经被溺爱的，他们一遇到问题的第一反应就是找他人解决，而不是想着自己处理。

第三个问题是人类的性别。人有男女之分，人类的延续就离不开异性的合作，虽然这一问题一直就被大家避讳，但实际上，男女之间也只有互相合作才能幸福，我认为，一夫一妻就是最好的例子，它体现了男女之间的平等。

02　早期培养

毋庸置疑，我们要面对的三个问题并不会单独出现，而是相互关联的，假如一个问题没有被处理好，另外两个问题也会被牵连，而如果一个问题处理好，另外两个问题也会朝着好的方向发展，可以说，这三个问题一直是同一环境中的，只是呈现出了不同面而已。其实，我们可以将这三个问题总结起来：我们都要在人类赖以生存的地球上持续发展下去，生生不息。

母亲是影响孩子的职业兴趣的第一人，母亲造就了孩子的童年，而孩子的童年经历对他以后的人生发展起着至关重要的作用，所以在遇到有人前来咨询问题时，我总是会问他在童年时期的经历，因为人的早期经历对一个人的思想发展及人生目标有着极为重要的影响。

其次是学校。现在的学校对孩子将来的职业发展都很重视，实施包括孩子的视觉、听觉和动手能力的训练，另外，还有一些技能的训练，这样有利于锻炼孩子的实践能力，培养他们的自信心。

如果一个孩子在很小的时候就清晰地知道将来的职业方向和目标，那么，他今后的发展就很有目的性，也会很顺利。如果孩子随口就说未来自己想成什么样的人，而他们并不知道为什么自己要选择那份职业时，我们成人要做的就是帮他们找出选择的原因，以帮助他们获得前进的动力。

其实，一个人到了十三四岁的时候，就应该有清晰的人生目标了，如果有的孩子到了这个时期还很迷茫，那么就要对其引起注意了。有的孩子看上去平时学习成绩很好，但就是不知道未来要干什么，此时，我们就要干预了，虽然他们没有明确的目标，但是不代表他们没有自己的兴趣爱好，其实，他们可能是勇气不足，不善于合作，也没有找到自己未来应该承担的社会角色，而我们要做的就是帮助他们找到，尽早帮助他们树立职业目标。

这对于孩子来说是一件好事，我经常问询孩子这个问题，让他们考虑清楚了再告诉我答案，而从他们的回答中，我能听出他们当下的生活模式，以及他们的价值观和人生观。我告诉他们，不要对任何一样工作心存偏见，只要认真做好自己的工作，为社会做了贡献，你的工作就是有意义的。

03 什么因素影响了择业

如果一个孩子在年幼时遇到了家里人的意外去世或者患病，那么，这些事就会萦绕在他的心头，他对死亡就会产生一种恐惧，这些孩子就会渴望成为医疗工作者，如果孩子有这方面的梦想，我们要鼓励他们朝着这个目标出发。我发现，那些对职业很满意的医生，大都是自小就喜欢这份工作，他们有这样的职业期待，也是为了弥补对死亡的恐惧。为了弥补这一点，他们还有可能进行艺术或者文学创作，用自己的方式来将生命“延续”下去。

在一些孩子看来，超越家里的某个成员是他们的目标，而通常来说，他们的目标是自己的父母，这样的目标通常有激励意义。因为父母的经验能帮助他们，比如，如果父亲是警察，儿子很有可能想成为一名法官或律师，如果妈妈是教师，孩子有可能成为教授。

如果一个孩子十分看重金钱和物质，那么，在职业选择上他也会将金钱、薪资看成第一指标，这样对孩子是十分不利的，孩子很容易形成错误的价值观，因为他很有可能在未来为了金钱而不择手段，甚至以牺牲他人利益为前提。还有些人，也许他并没有犯罪，但那点残存的责任感也起不到任何作用，在未来，即使他变成有钱人，也不会奉献社会和他人，而且，还会产生一种扭曲的价值观，他们认为犯罪是一种成就。其实，我不敢说，正确的人生态度是否会为我们带来成功，但正确的人生态度是令人快乐的，也是令人充实的，是值得推崇的。

04　寻找解决办法

对于儿童的问题，我们要致力于开发他们的兴趣，只有这样，我们才能给予鼓励。而对于那些职业发展之路偏离正轨的年轻人或者那些中年遇到职业危机的人，我们更应该帮助其找到兴趣所在，然后帮助他们找到合适的工作。

这是一件困难的事，尽管我们每个国家都十分注重这一问题，毕竟，失业的问题关系到社会的稳定。在我看来，我们每个人在提升自己的合作能力的同时，我们的社会也要努力保持经济的发展，为我们提供更多的就业机会，尽量保证每个人都能有事可做。

这里，我们要再次提到专业技能培训的问题。现代社会，很多工作对专业技能的要求越来越高，我们必须要经过专业的技能培训，才能达到工作的资格和能力，我们的社会也要大力发展这种教育和培训，以此来提升人们的从业水平。

我们发现，很多失业的人都是因为没有经过专业的技能培训，他们没有一技之长，久而久之，他们就落伍了，一旦不被需要，这些人对社会的兴趣就会变淡甚至完全丧失，所以，在这些人中经常会出现一些自杀者、罪犯和

神经症患者。对于这样一些人，我们绝不能坐视不理。

无论是父母、学校还是任何一个人，我们都应该努力保证孩子接受足够的知识学习和技能训练，以保证他们在未来能找到适合自己的工作。同时，社会也要努力创造机会，帮助那些职业能力不足的人进行再深造和学习，以帮助他们实现再就业，让他们成为社会需要的人。

第十二部分

个体与社会

01 增进合作

与同伴建立友好的合作关系，是我们人类自始至终的愿望。人类社会自始至终都是建立在相互关心和帮助的基础上的，实际上，即便是原始社会，我们也能找到人类互助互爱的证据，他们会用统一的标志将族人聚集在一起。

宗教的角色

宗教信仰的最初形式就是图腾，每个部落的图腾都是不一样的，有的是公牛，有的是蜥蜴，有的是蛇，但无论哪种图腾都表达了一种信仰，有统一图腾的人信仰相同，所以会将这一图腾的信仰者奉为自己的伙伴和合作者，这样，每到祭祀时，他们就会聚集在一起，讨论这一年的收获和接下来一年要安排的工作。

当时的部落中，婚姻是很重要的大事，当然，现代社会也是如此。部落中的男人会按照部落的规则来寻求伴侣。现代社会的夫妻双方也会在婚姻中承担彼此的责任和义务，共同抚育孩子，所以，自古以来，人们都是支持婚姻的，即便我们认为古人用一些看起来不可思议的方法——图形、风俗支持婚姻显得有些不可思议，但我们依然必须承认婚姻在人类发展过程中发挥的不可替代的作用。

基督教中，有一条规则：爱你的邻居。从这里，就足以见到人们一直为合作而努力。

在我们现实生活中，一些孩子会问："我为什么要爱别人，别人爱我吗？"其实这就是一种自私的表现，就是缺乏了合作精神。无论是单个人，还是集体，如果缺乏合作精神，那么注定失败。一些宗教和团体都有自己的合作方式，在我看来，那些将合作奉为毕生努力目标的人是值得敬重的，虽然我们并不知道是什么真理，但我们知道，可以让人类实现合作目的的选择有很多，至于哪条是最正确的，我们也无法给出确切的答案。

政治运动与社会运动

我们都知道，世界上的政治制度有很多，而且也有很多执政者，但无论是哪个政治团体，无论执政者是谁，都必须要重视合作，只有这样，才能为人类发展真正做出贡献。

当然，到底是哪个政党能带领我们实现更高层次的合作，我们并不知道，毕竟我们无法判断他们的行事作风、人生态度等，但只要它是一个能确保党内成员积极友好的政党，它的存在就是有意义的、积极的。

我们的社会上也存在很多的活动，也包括阶级运动，对此，不少人认为是不合时宜的，是应该被取缔的，我就不这么认为。其实，只要这些运动是有利于孩子成长的，是为孩子成长做贡献的，能尊重国家的传统和文化，能有利于社会发展，就是好的运动，我们不能带着偏见去看待任何一场运动。

当然，促进合作的方法有很多，有的可能并不符合主流价值观，但我们更应该关心它的目的是否能促进人类合作，只要是有利于这一目的的，就应该被我们接纳。

02 兴趣缺失与沟通障碍

对自私自利的个人态度，我们一定要反对，无论是个人还是集体，这种态度都会带来消极的负面的结果，而一个人只有和周围人友好地合作，才能促进个人和集体的发展。

对于人际之间的合作来说，语言沟通是一项重要的媒介，而相互理解不是个人之间的事，而是全人类的事，所谓的理解，就是通过与别人分享来理解一些意思。但是一些自私的人，无论何时都将自己的利益放在第一位，他们最大的目的就是为自己谋私利。然而，他们并不被人喜欢，所以也就很难与周围的人沟通，当我们注意看他们的神情时，总会发现他们脸上有一些迷茫和鄙夷，这些表情和那些罪犯和精神病患者并没有什么区别，他们对周围的人很冷漠、眼神游离，也对他人和社会没有兴趣。

精神障碍

我们在与那些神经症患者沟通时，会发现，这些患者似乎并不愿意与人沟通，也很难对周围的人产生兴趣，他们很容易出现脸红、结巴、阳痿和早泄的症状。久而久之，就很容易成为精神病了。而治愈精神病也并不是无药可医，最重要的就是转移他们的注意力，让他们对外界世界产生兴趣。只是，相对于那些自闭症患者而言，他们更容易厌倦社会，这就和那些有自杀倾向的人差不多，要治愈很难，我们需要让他们愿意合作，然后逐步引导他们。

我有个精神病患者，她有长达8年的精神分裂症史，这个女孩直到第7年的时候才被送来医治，一开始看到她的时候，我也很吃惊，因为她的表现几乎疯狂，一直在狂叫，就像狗一样，她还不断地撕扯自己的衣服，甚至企图将手帕吞到肚子里。

我知道，她已经对外界完全失去了兴趣，她之所以表现得像一条狗，就是因为她认为，她的母亲就待她如一条狗。

其实她的内心世界是这样的："越是和你们接触，我就越是想做一条狗。"我花了8天时间和她聊天，但是她什么都不愿意说，但令我意外的是，1个月后，她竟然开口说话了，尽管是一句毫无逻辑的话，这是因为我对她的关心开始触动她了。

我知道，她恢复了一些勇气和信心了，但是她依然不知道该怎么做，还是强烈地排斥周围的人。其实她也想重新生活，但就是不愿意合作，她像个问题儿童，不断地搞破坏，破坏医院的东西、殴打医生，我就被她袭击过，她一直用手捶打我，她并没有多大的力气，所以我一直任由她捶打，最后，她竟然停止了攻击，也逐渐平静了下来。

她慢慢好转了，但还是无法面对社会，后来，她打碎了玻璃，割伤了自己的手指。此时，如果是其他医生，可能会将她关起来，但是我没有这么做，我只是耐心地帮她包扎伤口，因为我知道，精神病患者和一般人不同，如果我们用对待常人的方式来对待他们，很容易激怒他们，让他们的病情恶化，正确的方式就是任由他们发泄，尽管是些很反常的行为。

后来，这个女孩真的痊愈了，而且，再也没有复发。

有一天，我再去那所精神病院的路上，竟然看到了她，走上前去跟她打了招呼，她说："我们一起吧，去那所医院。"就这样，我们一同走了过去，也见到了曾经为她治疗的医生。后来，我去为其他患者看病了，让女孩和这名医生聊会儿，但过了会儿，医生脸色铁青地说："她的病确实好了，但是她并不喜欢我。"

我和这个女孩住得并不是很远，所以这10年里，我经常会看见她，她找了自己喜欢的工作，可以独立生活，也与人相处得不错，如果她不说，谁也不知道她曾有过8年的精神疾病。

除了精神疾病以外，妄想症患者和抑郁症患者都有着很强的对人的疏离感，在妄想症患者看来，全世界的人都在跟自己作对，而抑郁症患者总是自责，他们总是说“是我破坏了自己的家庭”“我没有给孩子良好的生活”。看起来是在怪自己，其实是一种掩饰，他们真正责备的是别人。

有这样一个女人，她曾经的社会地位很高，在经历了一次的挫败后，她好像没办法和从前一样生活了。

她有三个女儿，都已经结婚了，在丈夫去世后，她不再有从前的关注度了，她感到很孤独。后来，她开始环游欧洲，可即便如此，她还是觉得自己不幸福。

在国外旅行的时候，她得了抑郁症，并告诉了女儿，她希望她们可以来看自己，然而，孩子们都很忙，谁也没有来看她。回国后，女儿们还给她找了保姆，也偶尔过来看望，她对其他人说：“我女儿对我很好。”其实，话语中的意思我们都能听出来，她是在责备女儿，认为女儿对自己的关心不够。

这就是抑郁症患者的典型症状，他们经常责备他人，企图得到关爱和认可，为了达到这一目的，他们会主动透露自己的错误，我们在治疗中就发现，在抑郁症患者的童年记忆里，经常有这样的片段：“我记得，我想要躺在椅子上，但是弟弟走过来，非要霸占它，我很生气，然后开始大哭，最后他真的把椅子让给了我。”

一些抑郁症为了报复别人会轻生，如果我们要治愈他们，就不要为他们的这种行为提供任何理由，比如，我在与抑郁症患者沟通时就经常会说："任何时候，都别去做那些你不喜欢做的事。"这虽然看上去是一句无关紧要的话，但是却揭露了问题的本质，如果他们想做什么就去做什么，还有什么可责备的呢？他还要报复谁呢？所以我会告诉他们："如果你想去旅行就去吧，想去玩就去吧，如果路上觉得没意思，就再回来。"

一句简单的话，满足了他们的优越感，让他们认为可以支配自己的人生，但这其实与他们的人生态度并不相符，他们最希望的是控制和支配他人，但一旦别人顺从他们，他们又会觉得没意思了，这个方法很奏效。所以，我遇到的抑郁症患者，没有一个人自杀的，但是为了以防万一，我们还是要看好他们，以免出现问题。

在我说出了自己的想法后，患者大多数情况下会说："我没什么想做的事情。"此时，我会顺着他的意思，然后说："只要不做你不喜欢的事就好了。"有时，患者还会说："我只想每天赖在床上。"我知道，此时如果我顺着他，他肯定不会这样做；我如果阻止的话，他肯定会跟我对抗，所以我还是顺着他的意思。

还有一种方式，可以调整抑郁症患者的人生态度。比如，我会说："如果你按照我说的去做，我可以保证你在两个星期内就会痊愈，不过你要记住，你每天都要考虑如何能让别人高兴。"可想而知，我这样的说法会在他们心中激起怎样的涟漪，他们在平时所考虑的都是如何给别人制造麻烦，也许他们会认为这样没什么错误，所以对于我说的问题，他们肯定没有想过，而即使我说了，他们也不会照做。

比如，对于失眠的问题，如果我告诉他："睡不着的时候，就想想自己怎样做才能让别人开心，这样对你也有好处。"而在过了一段时间后，当你问他们有没有尝试后，他们会说："怎么可能，我躺床上就呼呼大睡了。"

所以，我们在与抑郁症患者沟通时，一定要保持和善的态度，切勿斥责他们。比如，如果患者告诉我："我自己都很烦，干吗要去想别人开心与否呢？"此时，我会说："那你就继续烦吧，不过也可以偶尔考虑一下别人的感受。"

再比如，如果有人说："没有人让我快乐，我干吗要让别人快乐？"我会说："你必须要考虑自己的身体啊，你不为别人考虑无所谓，但是你不能让自己的身体受到伤害。"

其实，我之所以顺着他们的意图说，是为了帮助他们转移兴趣点。实际上，在我接待的这些抑郁症患者中，从没人会在事后承认自己认真考虑过我的建议。

实际上，和其他任何一种神经症相似，抑郁症患者患病的根源也在于他们不善于与人合作，我们希望他们能认识到这一点，在经过治疗后，如果他们能够学会与人平等友好地合作，那么，痊愈也就是早晚的事了。

03 社交兴趣与社会平等

我们都知道，培养孩子合作精神的有两个地方，一个是家庭，另外一个就是学校。之前，我们也提到过，在孩子的社会责任感的建立中，遗传并非能起到决定性作用，但是一个孩子是否具有社会责任感的潜能，却与遗传有着密切的关系，而父母的教育方式、对孩子的关爱程度以及孩子对周围环境的判断，也都会影响孩子的社会责任感潜能。如果孩子总是仇视社会、将周围的人视为自己的敌人，那么他自然无法与人和平相处，也很难交到朋友；如果他总喜欢掌控别人，而不是帮助他人，别人也就不会用平等的态度对他。

所以，我们可以总结出，要想让孩子建立社会责任感，要满足以下几个方面的条件：孩子要将自己视为家庭中的一员，学会关爱其他家庭成员；父母要和睦相处，为孩子建立一个充满爱的家庭氛围，让孩子信任父母和其他人；学校也要将孩子视为重要的一员，同学之间应该友好相处、平等合作，以共同进步，为未来顺利步入社会奠定基础。

所以，我们要让孩子早点学会与人合作，他才有勇气面对未来的人生。

任何一个人，如果他出生在和谐的家庭中，周围有很多爱他的人，他有很多朋友，他有一份正当的工作，他有个幸福的婚姻，那么，他的人生不会有太多的自卑和挫败感，他也会觉得他周围的人是美好的，在遇到困难的时候他会调动内心积极向上的能量，会努力克服、突破困境。他们也会认识到这个世界不美好的部分，但是他们会为改善它而贡献自己的一份力量，我相信，如果我们每个人都有这样的人生态度，我们的世界未来一定会更美好。

此处，我依然要重申，对于人生的三大问题，唯一的解决方法是合作。对于一个人是否完整，我们的评价标准是，他能否处理好当下的工作，能否在婚姻中成为一个好的伴侣，如果答案是肯定的，他才能称得上是一个真正意义上的人。

第十三部分

爱情与婚姻

01 爱情、合作与社会兴趣的重要性

爱情与合作

在德国某个小镇上，有这样一个风俗：在结婚前，即将成为夫妇的一对男女会被带到一片空地上，空地上放着一棵已经被砍倒的树，接下来，他们需要用长锯，将这棵树锯成两截，这就考验了二人的默契程度，如果二人默契程度不够，就很难完美地完成这个任务。如果只靠其中一方去做，那么需要花费很多时间方能完成，而如果二人都不去做，根本完成不了，所以唯有两人默契合作，才能在短时间内完成。虽然看起来这是一件小事，但是却直接体现了两个人的默契程度，也间接体现了未来二人是否能幸福地生活在一起。

可能有不少人会问，到底什么是爱，什么又是婚姻呢？对此，我的看法是：婚姻是爱的结果。爱情和婚姻中，都要彼此付出，从身体的吸引开始，到一起哺育下一代，再到彼此相伴一生。无论是爱还是婚姻，都离不开合作，这不仅是为了他们自身的幸福，也是为了全人类的幸福。

说到这里，也许又有人产生疑问，为什么单个人的爱情与婚姻会被上升到全人类的高度呢？这是因为让人类得以延续下去的唯一办法就是繁衍后代，所以，我们看到的简单的两性相爱和生育后代的事，却是非常重要的。

现代社会中人们对爱情的理解呈现多元的态势，每对恋人遇到的问题都不一样，一些已婚夫妇之间也会有摩擦，有的会牵扯到父母之间的关系，有的还会上升到社会问题，而要解决这些矛盾就需要我们站在客观公正的立场上探讨，并且摒弃一些因素的干扰。

我们必须要承认，我们在解决这一问题时，不可能完全不考虑个人的因素，不过，如果我们能尽量考虑自己的行为对他人和社会是否有利，在婚恋问题上也是如此。而且，处理好婚恋问题、解决好了矛盾，其实在无意识之中就为人类的幸福做了贡献。

有些人对人类的幸福漠不关心，他们似乎从不考虑自己能为他人做些什么，他们考虑更多的是如何让自己捞到好处，或者如何增添自己的关注度，在婚姻和爱情中，他们也秉持着这样的态度。

一些心理学家认为，爱是人类的本能，其实我并不这么认为，我认为性才是人的一种本能，但爱情与婚姻的存在并不只是为了满足性需求。我们发现，随着人类社会文明的发展，人们越来越关注高质量的爱情和婚姻，而那些粗俗的欲望逐渐被人们摒弃，比如，我们懂得如何经营婚姻，如何在婚姻中多沟通和交流，我们更懂得如何克制自己的冲动，学会做出明智的决定和行为。

当我们将这些东西运用到爱情和婚姻中，就会发现我们真的能从中获益，在婚姻中我们也必须要有全局眼光，不能头痛医头脚痛医脚，恋人、夫妻之间必须要保持良好的合作关系，才能够生存下去。在解决矛盾和问题时，如果我们能看到这一因素，那么，你的选择不会有太大的错误。

平等的关系

和人类的任何一项活动一样，婚姻也是需要合作的事，这对于大多数人而言是新的挑战。婚前，尽管我们生活于集体，懂得融洽地与人相处，但是却从未涉足婚姻，而如果夫妻双方之间互相理解、彼此关心，那么，问题就简单多了。

一段幸福的婚姻关系中，无论男女都应明白，对伴侣的关心应该多过对自己的关心，只有这样，我们才能清楚地看到自己在婚姻中的不足之处，也只有这样，双方的关系才是平等的。

婚姻双方都要站在彼此的角度上为对方着想，这样的关系才是平等的，才没有束缚感和自卑感。

我认为，美满的婚姻必须要有一个前提，就是让对方感受到自己是被需要的，是有价值的，这并不是说出来的，而要靠实际行动。

在结婚前，我们每个人都是独立的自己，所以谁也不希望因为结婚成为他人的附属品，谁也不想被人支配，因此，如果一段婚姻中两个人是控制者和服从者的关系，那么，他们很难感到幸福。然而，一些人认为，男人就应该掌控女人，女人就应该服从男人，其实，这就是一些家庭问题和矛盾出现的根源，幸福婚姻的前提是彼此平等，这样两个人才能携手并进。

在孩子的养育问题上，两个人也应当事先商量好，达成统一意见，如果两个人都不愿意要孩子，那么，他们组成的家庭对人类的发展就是没意义的。另外，夫妻双方还要商量好，如果夫妻关系破裂，如何做才能减少对孩子的心理伤害，毕竟，我们都知道，一段不幸福的婚姻给孩子带来的负面影响是显而易见的。

02　婚前准备

很多夫妻在进入婚姻时依然没有做好准备，所以他们不知道如何经营婚姻，也不知道如何与爱人相处，其实，他们最应该想的是自己收获了什么，而不是付出了什么，而是否能运用这一思维来经营婚姻，直接关系到婚姻的幸福与否。幸福的婚姻，双方都应该互相关心，那么，自然可以携手到老，而如果各自心怀鬼胎，肯定不会幸福。很多人第一次进入婚姻，他们不懂得把关注点放到对方的兴趣爱好上，这需要他们做出调整。

生活方式与父母的婚姻态度

婚姻其实也需要学习，如果从未学习过，就容易在进入婚姻后感到茫然无助，这就是缺乏婚前准备。当然准备并不是婚前一段时间的事。从一个人早期的行为举止、行为观念就能猜测他的行事作风，因为，人的婚姻观在其童年时期就已经基本形成，这并不是指对性的需求，而是对未来婚姻的看法。

我们任何人，只要从小生活在有婚姻和爱情的环境里，就自然明白婚姻是人类生活的一部分，孩子在很小的时候，就已经表现出对异性的喜欢，当孩子开始在心里喜欢谁时，我们不可嘲笑，我们应该看到更高层面的部分，其中就有他们已经开始为未来的爱情和婚姻生活做准备，对此，我们要给予准确的引导，让他们学会应对未来的幸福婚姻生活。这样就等于在他们的潜意识里埋下了一颗思想的种子，让他们认识到，在未来的婚姻生活中，夫妻之间要相互尊敬、互相关心。这样的引导不但能帮他们树立起经营好婚姻的信心，也能切实地掌握爱他人的能力。

在一个家庭里，假如父母婚姻美好，那么，孩子对未来婚姻会更有信心，毕竟，孩子头脑中对婚姻的早期认识完全来自家庭，如果父母本身就没有学会互相尊重和爱护，孩子怎么可能学习到这种积极的知识呢？其实，当他们考虑一个人是否适合结婚时，一定要看看他的成长环境和对家人的看法。他的成长环境或许并不好，但是他对家人的看法极为重要，其实，那些并不幸福的孩子，也可能会对未来的婚姻生活和家庭产生更强烈的憧憬，他也会努力经营好自己的婚姻和家庭。

友谊和工作的意义

友谊与合作往往是一对孪生兄弟，友谊能培养人的合作精神，培养人的社会责任感。如果一个孩子从小都在孤独中成长，且在情感上遭受了挫折，那么，他很难为别人着想，他第一个想到的永远是自己，只会考虑自己的利益。

另外，交友对婚姻的益处也是显而易见的，最有效的培养合作精神的方式就是做游戏。但是通常来说，孩子们做的游戏都是竞争性、以超越别人为目的的，其实，我们更应该让孩子学习进行一些有利于合作的游戏，比如跳舞。

婚前的准备还有很多，其中就有工作。即将结婚的夫妻，必须要有维持家庭的经济基础，所以，双方必须工作或者至少有一方在工作，才能保证物质需求。

性教育

我认为，父母不宜过早地为孩子讲解性知识，或者告诉他们一些尚不应该知道的事，这对于他们形成正确的婚姻观毫无用处。并且，据我了解，那些过早接受性教育或者性早熟的孩子，他们对婚姻都有一定程度的恐惧之心。其实，等孩子长大以后再了解性知识，也许就不这样了。

当然，如果孩子向我们问询这方面的问题，我们不应该遮遮掩掩，也不该欺骗，我们要明白，孩子这么问，定当有他们的原因，我们要了解这一点，并大方告诉他们他们想要了解的内容，但不必陈述过多。

一些父母会担心，孩子会交友不慎，会被带坏，但其实如果孩子在其他方面很优秀，那么这一担心就是多余的，因为一个身心健康的孩子对外界的诱惑是有一定的抵御能力的，他们也懂得分辨是非，更知道求助于身边的人，当然，我们还是应该明白，在一些敏感问题上，他们是羞于求教的。

影响择偶的因素

其实，人在很小的时候，就开始注意异性了，甚至开始在异性面前表现，这首先是从身体开始发出信号的。一个男孩从周围的异性如妈妈、姐妹、玩伴那里得到了启蒙的知识后，在今后的伴侣选择上，很有可能参照其中一种原型。

另外，我们在伴侣选择上，其实也存在一些规律，主要与教养有关系。我们择偶，通常来说都是对进步和健康的渴望，而这正是吸引我们的东西。比如，如果一个男孩从小和母亲关系不好，抑或是女孩和父亲关系不好，那么，他们在择偶时，就会选择那些与自己的父母完全相反的人，比如一个男孩如果经常被自己强势的母亲打骂，那么，他就会喜欢温柔一点的女性；而如果一个男孩自制力差、总是犯错，他就有可能会寻找那些自律且自强的女性，这就是为了获得心理平衡。而如果女孩与父亲之间的关系已经彻底决裂，那么，她很有可能恐惧与异性之间的交往。

03 婚姻的承诺与责任

一个自私、只考虑自身利益的人对婚姻这种需要紧密合作的关系所做的准备就很少，在步入婚姻前也会像一个窃贼，不会真心付出，即使步入婚姻也会出现问题。实际上，婚姻是两性之间的合作，而这一合作需要一个我们一生坚守的承诺。

我们认为，对下一代最好的教育方式就是幸福的婚姻，只有幸福的婚姻，才有和谐的家庭环境，为此，我们每个人都要为获得幸福的婚姻而努力。当然，婚姻中也有一些规则，其中之一就是婚姻没有具体期限，如果有，也是一辈子。如果你只想承担几年的期限，把当下的婚姻当成实验期，那么很难得到幸福的婚姻。因为任何一方有这样的想法，就不可能在婚姻这一合作关系中做到全力以赴。

我们认为，婚姻是不存在退出条款的，爱情也没有所谓的有效期，而最美好的关系是彼此尊重、信任和支持。

一些婚姻在一开始就是个错误，因为双方都没有做好进入婚姻的准备，最后只能以失败收场。比如，两个被溺爱的孩子走在了一起，双方都渴望继续被宠爱，这样，一方很容易成为暴君，一方总是反抗，彼此总是强求对方臣服于自己，但却又都做不到，所以总是争吵，而接下来，对于精疲力竭的婚姻，他们肯定想要逃离，最常见的就是婚外情的出现。

还有一些人，对在恋爱中脚踏两只船感到很得意，这样不必为爱情负责，但最后往往是竹篮打水一场空。另外，还有一些人，他们认为爱情就是要浪漫到极致的，所以他们长期处于自己的幻想中，终究也找不到自己的完美情人，最后一生孤独。

一些人无法以正确的心态面对自己的性角色，男性易出现心神性阳痿，女性容易导致性冷淡，而这些问题的症结都在于没有正确地认识自己的性别，而如果能正确认识这一点，很多问题自然能避免。

对于大多数男人来说，对于自己的妻子不是处女这一问题都会心存芥蒂，觉得她们很随便，而我们对于男性却没有这样的要求，所以，在我们所处的环境里，似乎女性在这一问题上承担了更大的压力。

对于婚姻，如果出发点不是平等的爱情，那么也是错误的，因为这样不会产生真正的亲密的合作。比如，一些人选择学历不如自己、长相不如自己的人，其实从某种意义上来说也是对婚姻的恐惧，他们希望得到对方的优待，其实这已经破坏了爱情中的平等原则。

04 交友是婚姻的保证

对于任何一个孩子来说，交朋友都对他的成长有很大的帮助，他们可以从中学会合作、与人分享，如果一个孩子没有朋友，那么，他多半不懂得替人着想，而他自己就是被关注的重心，希望他人都围着自己转，而从一个人的交友状况也能看出其对婚姻的态度。父母可以从小着手培养孩子的交友能力，鼓励他们参加一些注重合作的游戏，比如舞蹈。

对于异性的态度，我们每个人都不一样，这取决于我们的人生态度，所以，我们也能从一个人在恋爱中的态度看出其人生态度，比如是否自私自利和是否善于合作。比如一个男人在恋爱中对待恋人是热情似火还是冷若冰霜，都直接体现着他的生活态度。不过，凡事无绝对，也许他在生活中是

个冷漠的人，但对爱人却十分热情，不过总的来说，我们还是能看出一些端倪。

在个性特征上，我们总认为男人更开放、热情，而女人更温婉、害羞和矜持，这是一种传统观念。在婚姻爱情中，我们也会认为，男人就应该表达自己的爱意，女人应该用温婉的方式表达。

性是夫妻之间最常见的问题之一，相爱的两人之间存在强烈的性吸引，如果这种吸引力很弱或者不存在，那么只能证明不够相爱，婚姻也会存在问题。也许在外人看来他们很美满，但他们的身体不会欺骗彼此。

人与动物的最大的区别也体现在对性的态度上，人类的性是持续的，是人类幸福婚姻的前提和保障。我们发现，那些婚姻观正确的人在婚后都是愿意生儿育女的，而那些自私的人只考虑自己，才不会为了承担孩子的责任而牺牲自己的快乐，他们认为，与其照顾孩子，还不如照顾自己，这样的婚姻怎么会幸福呢？其实，生儿育女是幸福婚姻中最为关键的部分之一，而幸福的婚姻也能为孩子提供幸福的成长环境。

任何一场幸福的婚姻，都需要夫妻双方的共同合作，虽然任何婚姻都存在摩擦和矛盾，但如果彼此都能把婚姻当成自己身上的责任和义务，都懂得为家庭付出，那么离婚率就会大大降低，而只要有一方总是幻想美好的生活而不肯努力的话，婚姻都不会长久。

任何人，想要获得幸福的婚姻，都要主动创造，如果沉浸在对美好婚姻的幻想中，要么把婚姻当成童话，要么当成坟墓，那么，即使他们步入了婚姻之后也会离婚。所以，婚姻教我们学会用正确的人生态度面对社会，婚姻是我们为人类社会做贡献的前提。

05　构建幸福的婚姻

从很多的文学作品中我们发现，作者会将婚姻描述成幸福人生的开始，但经历婚姻的人都知道，现实中的婚姻未必都是美满的，婚姻中有很多的问题需要面对，有很多的矛盾需要解决，夫妻双方都要为美好的幸福而努力，都要学会关心对方、与对方合作。

一个人对婚姻是什么态度，取决于他的人生态度，想要了解一个人对婚姻的看法，就要对其进行全方位的了解。正因为如此，我们发现，那些在原生家庭中深受溺爱的孩子，在进入婚姻后遇到了问题时，他们的第一反应不是解决，而是逃避。

其实，对于这样一些人，他们的婚姻观在童年时期就已经基本形成。这与他们的人生观有密切的关系。他们在很小的时候就会在内心问自己："我是否能得到自己的一切呢？"而如果他们内心的答案是否定的，那么，他们就会觉得人生灰暗，认为自己做的一切都是没有意义的，甚至会产生轻生的念头。他们从小就学会了如何提要求，所以他们并不愿意压制自己的欲望，希望别人满足自己，他们根本没认识到人与人之间应该是合作的，即便是进入婚姻后，他们也依然秉持着这样的想法。因为不明白什么是合作，所以他们会尝试不同的与异性相处的方法，比如同居、结婚、离婚等，他们从不认为感情失败有自己的原因，而是随意丢弃，开始新的感情生活。

其实，两个真正相爱的人应当相互依赖和相互信任。如果这一问题都处理不好，更别说承担更多的社会责任了。

婚姻的幸福与否对孩子也会产生重大的影响。如果夫妻不能互相信任，那么孩子的成长就是一个难题，假如孩子生长在一个父母总是吵架、相互推诿责任、没有家庭责任感的家庭里，孩子也会变得消极逃避。

其实，并不是所有人都适合步入婚姻。一些不适合结婚的人，因为一些特殊的原因而步入婚姻了，对于这样的人，其实他们应该重新回归单身生活。那么，这一结果由谁来决定呢？我认为应该由心理学家来决定。因为无论是哪一方，都会考虑自己从这一段婚姻中获得了什么。不过可惜的是，这只是我个人的意见，目前很难实现。当一些患者寻找心理学家的帮助时，对方给出的答案却是再去找一个人。可以说，他们根本没有意识到问题的整体性，也没有意识到患者当下的问题与其他问题之间的联系，所以这种方法丝毫起不到作用，甚至还会带来新的问题。

在我看来，一些心理学家将婚姻问题当成个人问题来解决也是片面的，我就看过这样一些情况：一个人患有神经症，心理医生建议他去找人谈恋爱或者发生性关系，他们认为爱是解决一切问题的根源。我认为这种方法很可笑。首先，爱不是万能药。对于这些有神经症的人来说，他们首先应该解决的是自己的问题，而如果他们选择了恋爱或结婚，尤其是结婚后，他们会出现更多的问题，如果自己的问题还没有解决好，再带着问题进入婚姻，那带来的就是两个人甚至是整个家庭的悲哀。

还有一些人，他们结婚的初衷并不是将爱进行下去，而是为了物质或者为了找个照顾自己的人，这种带有目的的婚姻都是对婚姻的玷污；还有一些人为了逃避现实中的问题， 比如事业、学业困境，对于这些人来说，他们很容易将自己遇到的难题归咎于婚姻。

爱情与婚姻是人类共同要面对的问题，对于它们的意义我们不必高估，也不必低估。我们发现，那些婚姻失败的家庭中的受害者大多是女性，当然，我们的常规思维也是男性受到的婚姻的约束比女性更少，其实这样的认知是不对的，这本身就是对男女平等的违背，而要改变这一观点，并不是靠我们单个人的力量就能做到的。

其实，婚姻需要的是男女双方的配合，只要一方拒绝合作，那么这段关系就会造成伤害，要改变这种状况，首先要扭转的就是自己的思维。

在我的学生做过的一个关于婚恋问题的调查中，我发现，有42%的女性希望自己是男性，这足以表明很多女性不认同自己的性别，这是个可怕的数据。接近一半的人对自己的性别不满，因为她们认为自己的地位不如男性，那么，婚姻中的问题又怎么可能被解决呢?

我们生活的地球上，除了男人就是女人，我们提倡的一夫一妻制，本就不是自然存在的，但却是保障实现男女真正平等的重要方式之一。只有这种婚姻模式，才能保证男女都在婚姻中得到发展，继而实现真正的男女平等。

附录：阿德勒生平简介

1870年，阿德勒出生于维也纳一个富裕的米商之家。排行老二。

1875年，他患了一场致命的疾病，痊愈以后决心从医。

1895年，阿德勒获得维也纳大学医学博士学位。

1897年，他与来自俄国的留学生蒂诺菲佳娃娜结了婚。

1899年，弗洛伊德《梦的解析》出版，阿德勒曾经熟读它，并认为它对于了解人性有莫大的贡献。

1907年，阿德勒发表了有关由身体缺陷引起的自卑感及其补偿的论文，声名大噪。

1910年，他成为维也纳精神分析协会的第一任主席。

1911年，与弗洛伊德产生分歧，两人分道扬镳，并着手研究个体心理学。

1919年，建立“学校心理卫生组织”。

1926年，他将个体心理学引入美国。

1926年，他受聘于哥伦比亚大学任客座教授。

1932年，他又受邀到长岛医学院研究讲学。同年，他出版了《生活对你应有的意义》。

1934年，阿德勒决定在美国定居。次年，他创办了国际个体心理学学刊。

1937年，阿德勒受邀赴欧洲讲学。因突发心脏病，逝世于英格兰亚伯丁的街道上。